生の哲学

―人は他生物と真の仲間―

坂本 充

生の哲学

—人は他生物と真の仲間—

はじめに

人間を取り巻く自然世界の諸事物とは、生命体である生物と非生命体である物質のことである。但し、現在のところ、ウィルス類は生物に属さないとされる。生物を定義している特有機能である代謝の機能がなく、生というものを有していないからである。

近年では、これ等の諸事物は、その器である宇宙（空間と時間）も含めて、進化の中にあるものと、経験科学の視点から認識されてきている。

生物進化の概念は、一八〇九年にラマルクにより着想されたとされる。しかし、生物分類の基準単位である種が変化し、自然選択によって進化するという、現在にも引き継がれている進化論は、一八五九年出版の「種の起源」でダーウィンにより提唱されたものである。人間は、有史以前より、主に食糧としての関心から身近な植物や動物に最も興味を持ち、これ等の生物に関する知識を集積してきた。その中で、生物学の祖とされる古代ギリシャのアリストテレスにより、生物が学問の対象にされ、生物の実証的観察が続けられて博物学が発達し、更に生物の多様性を整理すべく分類学が樹立された。例えばリンネにより生物の階層式分類の体系が作られた。ここでは、種が基準単位とされ、似た種がまとめられて属という分類階級が設けられている。ダーウィンは、アリストテレス以来にすると二千年以上に亘り集積された生物の知識体系にあって、生物種の多様性の中に進化の規則を読み取ったといえる。この進化論は、生物についての現象論的段階の理解であったが、全生物が一つの共通祖先から進化したものであるという認識に繋がっている。

これに対して、物質進化の概念はダーウィンの進化論から百年程度の遅れがあるものの、物質についての本質的理解と、膨張宇宙の科学的事実とから、創り出されたものである。ここで、種々の物質はエネルギーと等価であるという普遍的な理解が可能になっている。また、ハッブルの天体観測による空間膨張の実証、それに基づいて一九四六年にガモフにより提唱されたビッグバン宇宙モデルが、公認されている。

この物質進化の概略は以下の様である。莫大なエネルギーが極所で生成され、熱的爆発のビッグバンから空間が急激に断熱膨張し始めた。これが宇宙の誕生である。その後、温度の低下と共に、エネルギーから生成された物質の基本粒子である種々のクォーク及びレプトンは、凝集して複合粒子である陽子や中性子等のバドロンを形成していく。更に凝集を続けて、原子核―原子―分子―粗視的物質―恒星―銀河―超銀河へと進化してきた。ここで、粗視的物質は、人間の日常生活において知覚されるものである。

上述したように、人間の経験科学の生物分野では、物質分野に較べて早い段階から、進化説が唱えられた。しかし、生命現象の実体論的理解では、物質現象に較べて二百年以上の遅れがあった。それが、一九五三年のワトソンとクリックによる細胞内のデオキシリボ核酸（ＤＮＡ）の二重らせん構造解明を機に、急速に挽回されるようになる。そして、分子レベルでの科学／技術を駆使する分子生物学が進展し、現在では、ＤＮＡに刻まれた遺伝子操作が容易になってきている。これは、人間が生物に擬した人工造成物を自在に創り出していくことに繋がっていく。更に、自然世界において約四〇億年の長きに亘り続く、自然選択による生物進化が破壊され、全生物が破滅することに繋がっている。これ等を遮断する一方法は、生についての本質的理解を深めることである。

ところが、生命現象についての本質的理解は、生体メカニズムの還元手法である分析・総合化という現在の生命科学では困難視される。そこで、人間の思量である思弁でもって、生物に共通の生について考察し、その本質的理解の契機が提示できればと願うものである。

◈生の哲学

―人は他生物と真の仲間―

目次

◈序論

地球上の生命体は、四六億年程前に地球を含む太陽系が形成された後、約四〇億年前には地球の海底という環境下で誕生したといわれる。この生命体は緩やかに進化を続け、三八億年程前には原核生物である細菌類が現れ、その後、真核生物である単細胞の原生生物が出現し、その中にあって植物、菌類、動物などの多細胞生物が環境進化あるいは系統進化していく。人類は、真核生物というドメインの中の動物界で多くの分化、進化を経て誕生に至ったものである。人類は、チンパンジーとの共通祖先から約七百万年前に分化し、猿人から原人、旧人そして現生人類（人間という）につながる新人へと進化したといわれる。この人類進化において、直立二足歩行を基盤とし脳が徐々に発達し始める。火を利用し、生活道具に石器を発明し、狩猟採集の効率化と肉食化につれ、脳細胞の数は飛躍的に増加していく。これは、二百万年前頃を起源とする直立原人の段階で顕著になり、中期旧石器時代となる約二〇万年前を起源とする新人へと続くのである。このような脳容量の拡大は、次に述べる人間の言葉の発明と相俟って人間に脳進化をもたらし、人間の「知の意識」を育む土台になった。

上述した直立二足歩行は、更に人の発声器官を発達させ、人の発音を容易にし、その機能を大きく高めることになる。この発声機能の向上は、必要以上に高容量化した脳細胞に作用し、複数の集団が一緒に生活するようになってきた人類のメンバー間の意思疎通や情報伝達のために、話語という言葉を産み出すようになる。この言葉の起源がいつ頃であるか決めるのは難しいと言われているが、後期旧石器時代になった四～五万年前頃に出現するクロマニヨン人は、この言葉をある程度自在に用いていたであろう。

尚、新人（ホモ・サピエンス）の出現から一時期、人類は氷期の酷しさの中で、その人口を大きく低減させた。そして、いわゆるボトル・ネック減少により、好奇心の強い人種のみが生き延びて、その後このような人類が増加したとされる。その中期旧石器時代の初めは、人類は他の動物と同様に、本能に従い自然界と一体に生きていた。その後、脳進化の中で自然の具象から概念を抽出するようになり、人類は、現前の自然界から自己を切り離し、主体／客体の意識を懐くようになった。その上で自然に対する好奇心あるいは冒険心を強くしていった。更にこの時代に言葉が発現したとも考えられる。

言葉の獲得は高容量の脳機能をそれまでとは異質な方向に導いていくのである。言葉は、自然界などの外部からの人間知覚を通して生じる表象、あるいは内部の観念から成る形象（以下、まとめて表象という）から得られる概念を表現する。ここで、人間は言葉により表象を抽象化している。これによって、脳認知科学でいう脳の言語野が、自己組織化によって人間脳に形成されるようになり、外界からの刺激に対して、いわゆる知性的反応ができるようになるのである。そして、自然界の中で、この言葉の発達が人間を特異な存在にしていく。

人類は、表象から概念を抽出し更に言葉により抽象化して、物事について表現し理解する社会の形態を作るようになる。これにより、上述した「知の意識」が芽生えるようになるのである。「知の意識」とは知を志向するこころ（心）のことである。この心は、具象を言葉により抽象化し物事を整理しようとするものであり、現在の人間個体の成長からも察することのできるものである。即ち、人間は、通常では胎児から幼児期にかけて、身近な成人特に母親が投げ掛ける言葉を受け、その言葉あるいは表情を理解しようとする中で、言語野を含む脳機能を自己組織化していく。そして、四歳程度になると知識欲が顕著に発露されるようになる。この知識欲の発露は「知の意識」の芽ばえに相当している。

これを人類史に重ね合わせると例えばネアンデルタール人のような旧人に代わって隆盛を極めていくクロマニヨン人のようなホモ・サピエンスが言葉を用いる知的な脳機能の基盤を整えた。その後、紀元前一万年頃から徐々に「知の意識」が芽ばえだしたのであろう。現生人類は、地球の氷期が過ぎ農耕牧畜生活に入る新石器時代になると、芽ばえた「知の意識」を増進させていくことになる。農耕生活は、人間のために自然界を利用する重要性を認識させ、自然に対する人間の能動的な働きかけを促した。例えば、太陽の動きあるいは気候の周期性に気付いたり、天体の星の動きを観察して、例えば図形等で記録に残すことを行うようになる。これ等は、食糧である麦、稲などの農作物を作る上で役立つものであった。そして、この働きかけの結果は、知となっていく。更に、農耕によって食料を豊富に、しかも容易に確保できるようになり、生活に余裕が生まれて自由な時間がとれるようになる。それと共に多くの人間の集まる社会が形成され、社会の階級化及び分業化を通して、知を専門に取り扱う人達が登場するようになるのであった。

また、「知の意識」は、客観視した自然界に向き合い、「知の意識」による自然世界の存在を知る欲求を強くする。そのため、人間は自然を擬人化し霊なる概念を創り出し、その霊との情報交換をしようとした。これが新石器時代から始まったと思われる原始宗教である。そして、その一形態であるシャーマニズムでは、万物の普遍者に神霊を与え、死者にも霊を与えた。またアニミズムでは自然の個物に霊を感じ多くの神々を創り出した。このような神の概念は、その後の有史における宗教及び哲学の中で、種々に変遷し現在に至っている。

このように人間は「知の意識」を益々強くし、他の生き物と全く異なる知的成長の道を歩むことになる。即ち、哲学的思弁をし、自然科学を発達させて、自然界の諸事物あるいは事象を認識及び理解すると共に、科学技術によって人工造成物を自然世界に種々に創り出すようになるのである。ここで、自然界の未知なるところは、神の概念により補填され、人間の旺盛な「知の意識」はそれに向かって維持され続ける。この「知の意識」は今や人間の本性の一つになっているのである。

しかし、人間は他の生き物と同じ生命を有し、生き抜くこと即ち生を志向する心をもっている。これが「生の意識」であり人間の本性である。上述したように、曾て、人類は自然界と一体に生きていた。例えば前期旧石器時代の原人は、自然界を具象の世界として捉え、それに対して刺激反応しあるいは働きかけをしていた。この時代は他の生き物と同様に本能の下に生きていたのである。そして、この具象世界と一体であった歴史は長い。

ところが、上述したように人類は概念あるいは言葉によって自然界を抽象化して捉えるようになると、「生の意識」による環境世界を客観視するようになる。そして、人類は自然界に対して分離・独立し対峙するようになり、環境世界の中で主観／客観の構図を懐くことができるようになる。その後、上述したように「知の意識」が芽ばえ増進していくのに対し、逆に「生の意識」は縮少の過程を辿っているのではないだろうか。そのためかどうか、現在の人間は、非常に強い「知の意識」を持つようになっているが、生き物として本来もっていた共生の意識を減退させているようにみえる。更に、自然界の中で、生物などの諸事物に対する共感という意識が希薄なものになってきているようにもみえる。このように人類は、その脳進化により、「知の意識」を強力に増進させ、その代わりに本来の「生の意識」を弱体化させているように思われるのである。

今や人間は、己れの「知の意識」により、脳科学及び技術にも精力的に取り組み、脳の認知あるいは意識の科学的リアリティ（実体）の特定を進めている。その中で、脳の構造と各部位の働きが部分的であれ、明らかになってきている。例えば、人間の大脳は三層構造であり、脳幹等の生命脳、生命脳を包む大脳辺縁系、海馬等の動物脳、動物脳を包む大脳新皮質等の人間脳から成ることが知られている。ここで、生命脳は食欲、性欲、睡眠欲等を司り、動物脳及び人間脳は、外部刺激に対してそれぞれ動物的反応、知性的反応を司る。このような脳構造は、人類進化の過程の中で構築されたものである。

現在の人間の「生の意識」が、「知の意識」と同じようにこの三層構造の大脳と小脳を含む身体で起こっていることは確かである。上述したように、人間の「生の意識」は人類史の中で本来のものから弱体化している。その生の根幹は、地球上に誕生した生命体のデオキシリボ核酸（ＤＮＡ）が始源となり、現存の全ての生物に基底として刻印されているであろう。そこで、人間を含む生物全般に共通する生における機構と、生の機能などについて、哲学的思弁をすることは意義あることであろう。これによって、生物全体に潜む生の繋がりが明らかになり、また生物の異種間の共通点あるいは相違点が浮き彫りにできる。更には、例えば格率とか道徳律のように人間社会に形成されている人の倫理と同様に、生物界における生の倫理の構築が容易になるであろう。

そして、この生の哲学は、現生人類にあって縮少し希薄化してきている「生の意識」を回復するのに役立ってくる。これによって、人間の「知の意識」に潜む危険性が軽減され、益々強くなる人間の「知の意識」の暴走による人類の破滅が防止できるであろう。「知の意識」は、自然科学と科学技術を展開させ、今や、自然世界に調和しないであろう人工造成物を創り出す能力を顕わし始めているのである。自然界において、物質あるいは生命の人間による過度な操作は、結局はブーメランのように人類に跳ね返り、その存続を断つことになる。

本試論は、地球上で環境進化あるいは系統進化して現存する、人間も他の生物をも含んだ生物全般に共通の生に係る哲学を深めるものである。ここでは、例えば感覚、知覚、認識、思惟、想像、観念等の人間の意識は、結局は環境世界に対する生物のもつ適応機構に含まれる。適応機構は、人間の意識の基盤であるが、人間以外の生物も共通して有するものである。生物界で特異にみえる人間も基本的には生物の仲間のままなのである。

◈本論

A　非生命体（物質）

地球上には生を備える生物と非生命体なる物質が存在する。ここで、生物は例えば単細胞であれ、多細胞から成る有機体であれ、物質により形成された構造体である。そして、この構造体は生を宿し代謝により物質を創り出す。また、死して物質に帰る。そこで、人間の「知の意識」によって、思弁的あるいは科学的に分析されている物質について、初めに考察し整理する。これにより、生物における生の特質がある面で浮き彫りになると考えるからである。

一　物質の構造

人間は「知の意識」により自然界の物質を認識及び理解しようとしてきた。ここで、認識とは言葉によって分別しその存在を知ることであり、理解とはその認識を了解し納得することである。この認識手段としては、主に思弁の哲学と経験による自然科学とが用いられる。ここでは、人間の意識の中で特に観念、思惟及び想像における働き（作用）が重要になっている。そして、物質に対する概念は、この意識作用によって普遍化される。

1　元素

現在の地球上には、自然により形成された自然造成物なる物質と、人為的に形成された人工造成物なる物質とが存在する。尚、人間以外の生物によって生成される物質は自然造成物とする。人間は、古来より、多種多様な物質を元素に還元できると考えてきた。例えば、古代インドあるいは古代ギリシャの地、水、火、風（あるいは空気）の四大元素が挙げられる。更に、この古い時代にあって、現代の素粒子につながる微細な原子によって、物質は構成されると考えられた。また、アリストテレスは四大元素に乾湿、温冷の四性質を付与する四原質説を唱えた。これは、物質の変化すなわち物質変換を肯定するものであり、近世に至る迄の永きに亘り信じ続けられたのである。

物質が微細な構成要素すなわち元素から成り立つという考えは、思弁の哲学から経験の自然科学へと受け継がれていく。イタリア・ルネサンス以降の西洋において特に進展していく経験科学にあって、固体、液体、気体の三相の状態をとる物質の元素は、種々に探求され、究明され続けているのである。そして、現在の物質の標準模型では、物質を形作る基本粒子すなわち物質の元素は、図1に示すように、六種類のクォークと六種類のレプトンであるとされる。ここで、物質は、地球のような惑星、太陽のような恒星、宇宙に散在する星雲などでその存在が確認されているものである。その他に、例えば加速器などにより人為的に作り出された高エネルギー状態で、極短時間に存在する種々の粒子がある。詳細は次の物質の階層構造で説明されるが、例えば二個のアップクォークと一個のダウンクォークは、水素の原子核である複合粒子の陽子を構成することになる。同様に二個のダウンクォークと一個のアップクォークは、陽子と共に核子となる複合粒子の中性子を構成する。そして、これ等の核子は、種々の化学元素の原子核を形成するのである。

　尚、物質の標準模型の理論では、物質を形作る基本粒子のそれぞれに反粒子が存在することになる。また、このような素粒子の他に、これ等の素粒子間で力を伝える素粒子のゲージ粒子と、それ等の素粒子の質量の源としてのヒッグス粒子が考えられている。このヒッグス粒子は二〇一二年に観測された。ゲージ粒子としては、クォーク間の強い力となるグルーオン、例えば中性子が陽子にベータ崩壊するような粒子崩壊の場合に生じる弱い力になるボソン、電磁気力となる光子、重力となる重力子が挙げられている。

	クォーク		レプトン	
第1世代	アップ(u) （質量約 10^{-26}g 電荷 2/3	ダウン(d) （質量約 10^{-26}g 電荷 -1/3	電子(e) （質量 9.1×10^{-28}g 電荷 -1	電子ニュートリノ(Ve) （質量ほとんど0 電荷なし
第2世代	チャーム(C) （質量 2×10^{-24}g 電荷 2/3	ストレンジ(S) （質量約 2×10^{-25}g 電荷 -1/3	ミューオン(μ) （質量 1.9×10^{-25}g 電荷 -1	ミューニュートリノ(Vμ) （質量ほとんど0 電荷なし
第3世代	トップ(t) （質量 3×10^{-22}g 電荷 2/3	ボトム(b) （質量 8×10^{-24}g 電荷 -1/3	タウ(τ) （質量 3.2×10^{-24}g 電荷 -1	タウニュートリノ(Vτ) （質量ほとんど0 電荷なし

図１　物質を形作る基本粒子

図1に示した物質の元素には、質量、電荷スピン等の物理的な性質が付与されている。このように、現代の自然科学により考えられている物質の元素は、曾てのアリストテレスが思弁により唱えた四原質説の場合とその概念の大枠を同じにしている。即ち、四大元素が十二種の素粒子に置き換えられ、四性質が物理的な種々の性質に置き換えられた形になっている。結局、人間は「知の意識」により自然界の具象を言葉によって抽象化し、自然界を整理するのである。

更に、現在の自然科学では、上述した標準模型の理論から逸脱する経験事実が観測されてきている。例えば宇宙の観測では、現在ダークマターあるいはダークエネルギーと呼ばれるものの存在が確実視されてきている。また、標準模型では、レプトンを構成するニュートリノの質量は零とされているが、最近のいわゆるニュートリノ振動、即ち、三種のニュートリノが互いに変換する実験事実から、零とすることができなくなった。これ等のことから、物質を形作る基本粒子は、さらに増加する可能性が高い。例えば超対称性粒子と呼ばれるような新たな素粒子も物質の元素に加えられるかもしれない。

2　階層構造

現在の自然科学による自然界の認識及び理解では、物質は階層構造を成しているとされる。ここで、上述した物質の元素を最下層とすると、現在考えられている素粒子は、クォークとレプトンという素粒子、それ等の反粒子、力伝達の素粒子及びヒッグス粒子である。そして、自然界における階層構造は下層から上層へ、例えば素粒子—原子核—原子—分子—粗視的物質—恒星系—銀河—超銀河系の如く系列化して考えることができる。この階層構造は、人間の「知の意識」によって整理されたものであり、下層は単純あるいは普遍なものであり、上層は複雑あるいは個別なものになる。

上述したように、物質の階層構造において最下層は物質の元素であり、物質を形作る基本粒子の素粒子になる。

その複合した粒子の陽子、中性子は核子として次層の原子核を形作っている。核子は核力により凝集し、その凝集の数で異なる質量の原子核を形成する。この核力は従来から中間子を媒介とするものと考えられている。しかし、上述した物質の標準模型により、物質の基本的相互作用である強い力、弱い力、電磁気力及び重力はゲージ粒子を媒介にするとされた。そこで、この核力は、基本的相互作用から派生する二次的相互作用とされる。ミクロ世界の表現に適する量子力学は、物質を空間的拡がりのある「場」として扱い、それを量子化して粒子像を描く。尚、「場」は物質のもつ波動像の描写に適している。この量子力学の数学モデルで説明すると、核力は、核子を構成するクォークの場とグルーオンの場を媒介とするものになり、この複合する場を量子化すると、結局は中間子の交換力として説明されることになる。

物質の元素とされる素粒子は、核子以外にも多種類の複合粒子を形成することができる。それは、加速器等により人為的に作り出される高エネルギー状態で生成される。例えば、ラムダ粒子、シグマ粒子と言われる重粒子（バリオン）あるいはπ中間子、K中間子のような各種の中間子（メソン）である。これ等は強粒子（ハドロン）と言われ、短時間で消滅する。このハドロンは、加速エネルギーが高くなると増加し、数百種にものぼるとされる。一部のハドロンは、宇宙から飛来する高エネルギーの宇宙線により、地球を包む大気中で生成されるものがある。しかし、日常の世界では、原子核の核子以外は安定して存在しない。

原子は、上述した原子核と、その周りを取り巻く電子との複合体である。ここで、原子核を構成する陽子の数（原子量という）と同数の電子が集まって原子の電荷は中性になる。この原子が化学元素であり、元素周期表に原子番号（原子量）で整理されている通りである。現在、自然界には、原子量で百種余の原子が存在し、更に原子量が同じで原子質量を異にする同位体元素といわれる原子も存在する。原子を構成する電子は、核子である陽子との間の電磁気力により、原子核の周りに集まり運動をしている。しかし、電子が原子核の周りに束縛される強さは、原子量により周期性を示す。そのために、余分な電子を捕獲し易く負に帯電する原子と、逆に電離して正に帯電しやすい原子が存在する。

次の層の分子は、上記の原子が複数個凝集して形成される。ここで、同種の原子によって構成される場合と、異種の原子の化合物になる場合とがある。また、凝集する原子数により低分子あるいは高分子等と呼称される。そして、数万個程度の原子が結合する高分子も数多く存在する。尚、生物は例えばたんぱく質、脂質のような高分子から成り、これ等の高分子は生体高分子ともいわれる。分子の形成は、上述した原子における電子の束縛状態と大きく関係し、主に化学結合力による原子の凝集である。その他に分子間力によっても凝集する。この分子レベルで働くのは、電磁気力と電子の働きに基づく二次的相互作用である。この電子の働きは、ミクロ世界特有の粒子の非局在性から生じるものである。

そして、日常のマクロ世界において、人間の感覚器官によって知覚できるものが粗視的物質である。例えば物体の大きさでは、無機物質の結晶体の場合、一〇の二二乗個程の原子が凝固して一センチ辺の立方体になる。また、その一〇倍強になるアボガドロ数の原子が原子質量とされ、重さとして実感できる。この地球上には、無機化合物から成る鉱物、有機化合物からなる種々の有機物質が存在している。この粗視的物質の系になって、物質間に働く重力という基本的相互作用が顕在化する。尚、物質が電気あるいは磁気を帯びている場合には、電磁気力も働くことになる。

現在の自然界は、地球上から遥か彼方に拡がり且つ自然科学の対象になってきている宇宙をも含む。そして、自然界の物質の次の系列には、地球等の惑星を含む太陽系が挙げられる。太陽は宇宙の膨大な数の恒星の中の一つに過ぎない。そこで、物質の次の階層は宇宙の中の一般的な恒星とする。恒星は自然界の核融合炉である。ガス状の星間物質たとえば広範囲の水素ガスが重力により狭い領域に閉じ込められる。そして水素の原子核である陽子が二個核融合してヘリウム核になり、莫大なエネルギーを生成する星が誕生することになる。この核融合炉では、水素、ヘリウム、炭素等順に重い原子核が融合反応によって生成される。ここで、誕生した星の質量によって、星の一生は多種多様になる。この恒星では、重力という基本的相互作用が主役として働く。

太陽系は天ノ川銀河（特に、銀河系といわれる）の中にある。またアンドロメダ銀河が近くに存在する。このような銀河は、宇宙の中で多数の恒星、星間物質、ダークマターの大集団から成る。例えば、銀河系の中には太陽以上の大きさの恒星が二千億個程度あるといわれる。そして、未知の物質であるダークマターは、その重力による恒星の軌道から、恒星等の普通の物質よりも巨大な質量をもつことが判明してきている。また、その形では、渦状腕をもつ円盤状の渦巻銀河、丸い形の楕円銀河、小さい形の矮小銀河などさまざまな形態の銀河が存在している。

更に、宇宙では、これ等の銀河は群れをなし、数十個の銀河群、数万個以下の銀河団、さらにそれ等が集まって宇宙の大規模構造といわれる超銀河系を形作っている。現在のハッブル宇宙望遠鏡では、この超銀河系は少なくとも二兆個以上の銀河から成り、特異な網目状のフィラメント状に拡がっているようである。即ち、銀河は、ダークマターと共に上記フィラメント状に存在する。

このような銀河、超銀河系は、基本的相互作用の重力により支配されていると考えられている。しかし、宇宙には、未知のダークマターと未知のダークエネルギーの存在が、確実視されてきている。しかも、この未知の物質は質量換算で宇宙の九五％程度を占めているとの宇宙観測の報告もある。このことを考えると、自然界は玄奥なものであり、論述している物質についての考察及び整理は、中途段階のものであることを肝に銘じておく必要がある。

二　物質の進化

万物の進化の考えは、旧ウパニシャッドの学匠であったウッダーラカ・アールニの教説にみられる。そして、サーンキヤ学派は根本物質（プラクリティ）と純粋精神（プルシャ）の二元論に立ち、それぞれの開展について、思弁により論じている。また、近世になって、デカルトは「宇宙論」、「哲学原理」の中で自然界を発展の姿で捉える、発展的自然像に触れている。しかしながらこの節では、現在の自然科学に立脚して、物質の進化を論じることにする。

1　宇宙進化

現在、宇宙膨張は天体観測事実になっている。そして、ビックバン宇宙論が展開されている。ビックバン宇宙論は、ベルギーの天体物理学者ルメートルと米国の天文学者ハッブルに始まり、ウクライナ出身の物理学者ガモフによる熱い宇宙の誕生やその痕跡である宇宙背景放射等を予言した。この宇宙背景放射は、その後、宇宙マイクロ波背景放射として観測されている。また、近年では、その背景放射の温度が、宇宙空間の方角によってわずかに異なるゆらぎのあることが判ってきた。更に、宇宙には未知のダークマター、ダークエネルギーが存在し、宇宙膨張は加速していることがわかってきている。

このような中で、ミクロ世界の認識及び理解のために展開されてきた素粒子論が、ビッグバン以前の宇宙誕生の初期の現象を解明すべく適用されて、ミクロ世界とマクロ世界をつなぐことのできる理論が活発に検討されている。その標準的なモデルでは、概略すると、ミクロ領域の大きな量子ゆらぎから宇宙が誕生しインフレーション（急激な膨張）が生じた。その中で莫大な真空エネルギーが生成され、そのエネルギーは熱として解放され熱的爆発（ビックバン）を引き起こした。そして、このビッグバンにより熱い宇宙が誕生し、その後の宇宙は断念膨張を続けているとするものである。このミクロ世界から超マクロ世界への変化は、宇宙誕生から一三八億年程度の時間スケールでみると、時々刻々と宇宙の状態が不可逆的に進む「進化」と表現することを可能にする。余談であるが、古代インドのウッダーラカが唱えたとされる万物の起源としてサット（有）、あるいは古代ギリシャのソクラテス以前の思想家達が唱えたピュシスの概念たとえば生誕、本性、始源の存在の語義は、上述した自然科学による宇宙の誕生の考えに通じているのである。

自然界の物質は、この宇宙の進化と共に順次に生成され変化している。即ち、上述した物質の階層構造において、下層の単純な物から上層の複雑な物へと、物質は進化していると表現できるのである。宇宙誕生から一〇のマイナス四三乗秒のプランク時間が経過し、空間に第一の相転移が生じ、超統一された一つの力から重力相互作用が分離する。その後にインフレーションが起こり、膨大なエネルギーが生成される。この膨大エネルギーは、エネルギー密度の不変な真空エネルギーが空間の膨張に連鎖して巨大化したものである。この真空エネルギーはヒッグス場であるとも考えられている。また、この時期に空間の第二の相転移が生じ、更に強い相互作用と電弱相互作用が分化したとされる。そして、ビックバンが起こり、空間の第三の相転移によるいわゆる対称性の破れから、電弱相互作用は弱い相互作用と電磁相互作用に分化するものである。これが宇宙誕生から一〇のマイナス一一乗秒程度後の時期とされる。それと共にヒッグス場の凝縮により、質量をもつクォーク、レプトンが生成され、物質の基本粒子が現れることになる。しかし、これ等の粒子間で働くゲージ粒子は、ボソンを除いて質量を持つことがなかった。

その後、宇宙誕生から一〇のマイナス六乗秒頃になって、陽子、中性子のようなバリオンあるいは中間子からなるハドロンなどの複合粒子が生成されるようになる。しかし、この時期には、粒子と反粒子が存在し、対消滅と対生成が繰り返され、高温プラズマ状態が続いた。その高温、高密度の状態では、水素イオンである陽子の他にヘリウム原子核が生成された。

この時代の物質は電離し、宇宙のエネルギーは光子に支配されていたが、暗黒の時代といわれる。その後、粒子と反粒子あるいは原子核と電子は結合し、反物質が消滅して中性の物質が残ることになる。そして、宇宙の晴れ上がりといわれる時期になり、光子は自由になり上述した宇宙マイクロ波背景放射として観測されることになるのである。

その後は、例えば三億年後にファースト・スターといわれる恒星が、水素あるいはヘリウムの核融合から生成され、更に、五億年後には銀河が形成されたと考えられている。そして、約三八億年後に天ノ川銀河、約九〇億年後に太陽系がそれぞれ形成されたものといわれる。宇宙誕生から約一三八億年後といわれる現在では、物質は最も複雑な大規模構造の超銀河系に進化しているのである。

2　恒星進化

宇宙進化の中で、多数の恒星が生成され、各恒星は誕生からその死に至る迄、それぞれ自ら恒星進化する。一般的な恒星の誕生は、重力により狭い空間領域に凝集したガスとチリの星間物質が高温・高密度になり、熱核反応が引き起こされることによる。また、恒星の周りに残った星間物質は冷えて鉱物粒子を形成する。そして、これ等の鉱物粒子は凝集し合体を繰り返して恒星の惑星になっていくことになる。例えば太陽系のような恒星系では、恒星の中心部で核融合反応が進み、水素を燃やす主系列星時代から、巨星時代、そして核反応の火が消える終末期へ至る過程が一般的である。

恒星進化は、上述した星間物質の元素組成と共にその質量に大きく依存している。核融合反応における燃焼効率は質量の三～四乗に比例するといわれ、太陽程度の恒星の場合、その寿命が約百億年であり､その数十倍の質量をもつ青白い恒星では百万年程度の寿命になる。そして、その進化の過程も異なったものになる。以下その代表例を述べる。

通常、重力により収縮する星間物質が太陽の質量の約一〇分の一以上になると、その中心部は自己重力で圧縮され加熱されて、水素をヘリウムに転化する核融合を始めるとされている。太陽質量の八倍程度以下の恒星では、核融合により水素からヘリウム、ヘリウムが燃え尽きて炭素、酸素の塊ができる。しかしそれ以上の核融合は進まずに恒星の外層が膨らんで吹き飛ばされ、死の残骸である白色矮星になる。尚、上述した一般的な主系列星では、赤色巨星として膨らんだ後は赤色矮星として終末を迎える。

太陽質量の八倍よりも重い恒星では、核融合で生成された炭素も燃焼し、酸素、ケイ素、カルシウム、鉄族元素等、種々の元素が生成される。このような核融合反応が急速に進むと、外層が急激に膨らみ超新星爆発に至り、中心部は重力崩壊を起こして中性子星となる。

この超新星爆発において、その強大な衝撃波により外層が核反応し、鉄より重い元素が合成される。但し、恒星の進化は一律ではなく、条件によっては白色矮星となり、ブラックホールに到ることもある。

そして、太陽質量の三百倍以上では、重力崩壊が続いてブラックホールの暗黒星が形成される。

恒星進化は複雑である。例えば連星のように周りの条件にも強く影響され、星の元である星間物質の元素組成によっても変わる。何れにしても、恒星は物質として進化している。更に、恒星は、原子核を融合させて、自然界に種々の化学元素を新たに作り出している。

換言するならば、恒星進化を通して、軽い原子は重い原子へと同一階層の中で進化していることになる。

3　地球進化

地球は、太陽を恒星とする太陽系の中で誕星した岩石の惑星である。太陽系の惑星は、太陽に近い順に水星、金星、地球、火星の岩石から成る地球型惑星と、木星や土星の巨大ガスで被われた木星型惑星と、天王星や海王星の巨大氷惑星とに分類される。そして、火星と木星の間で、四〇万個程の岩石から成る小惑星が太陽の周りを周回している。太陽系には、その他に彗星、準惑星等が含まれる。

・原始地球

太陽系の太陽及び惑星は、銀河系の恒星間に存在する主たる水素と、恒星の残骸とによって形成される。恒星の残骸はその核融合反応で生成された種々の化学元素及びそれ等の化合物を含んでいる。水素、ヘリウムを含むこれ等の星間物質はガス、チリ状に存在している。岩石の惑星である原始地球は、水素から成る原始星となった太陽を周回する星間物質が冷え、鉱物粒子が形成され、これ等の鉱物粒子が凝集することによって形成された。

その凝集過程は定かでないが、次のように考えることができる。初めに星間物質の雲ができ太陽系の元ができる。そして、中心に原始太陽が誕生し、その周りには公転する星間物質が円板状になる。ここで、重い元素組成の物質は原始太陽の重力で引き寄せられ、その変換された熱エネルギーにより一度高温になり、数種の鉱物が生成される。その後、放熱で冷却し赤道面に鉱物粒子となって集まり、それ等が例えば直径数十キロメートルの微惑星に急成長する。そして、この微惑星が衝突を繰り返し集積して地球型惑星あるいは小惑星が形成される。ここで、地球の場合には鉱物の化学元素はマグネシウム、アルミニウム、シリコン、カルシウム、鉄及び酸素のビッグ六元素であったとされている。

・溶解した地球

原子地球は、ジャイアント・インパクト説によると、約四五億年前に月と斜め衝突することになる。ここで、月（テイアと呼ばれている）は、地球の大きさの四分の一以上の惑星であり、莫大な熱エネルギーを生じさせた。そして、地球は溶解し、更に続く小惑星の衝突や放射性元素による加熱で、地球の溶融状態は長く続くことになる。その期間は定かでないが、数千年から数十万年に亘り、例えば鉄のような重い元素は地球内部へと沈澱していったのであろう。

・大気の形成

原始地球の大気は、主に水素とヘリウムであったといわれ、原始太陽の強力な太陽風によって吹き飛ばされた。その後、溶解した地球では、軽い元素から成る水蒸気、二酸化炭素、窒素ガスが大量に放出され、未だ表面がマグマの海であった時期の原始大気を形成した。ここで、水蒸気、二酸化炭素及び窒素ガスの大気の分圧は、それぞれ百気圧、六〇気圧、一気圧程度に見積もられている。

・海洋の形成

その後、地球は放熱により徐々にその表面から凝固していったものと思われる。また、この頃、多数の小惑星が、木星型惑星の軌道移動により太陽系内部に進入し、地球型惑星及び月に衝突したとされる。そして、地表温度が低下すると共に、高温であった大気は冷やされてその高度も下がり、水蒸気は液体となり海を形成することになる。これが四三〜四〇億年前頃といわれる。この海洋の形成により、大気中の水蒸気はほとんど無くなり、この頃の大気は五〇気圧程度の二酸化炭素と一気圧程度の窒素ガスで構成されるようになる。尚、初期の海洋には、原始大気に含まれていた亜硫酸や塩酸が溶解していった。また、小惑星の頻繁な衝突及び火山の噴火により、アンモニア、有機化合物等も海洋に溶けていった。

・大陸の形成

火山活動は海洋に島を形成する。海底はマグマの凝固した玄武岩であるが、火山噴火により地球内部のマグマが噴出し、海水と反応して玄武岩より比重の小さい花崗岩になる。大陸は主にこの花崗岩によって形成されていった。その他、火山噴火あるいは小惑星の衝突等で大陸上に噴出したマグマは、地殻物質との混成作用を経て安山岩を形成していった。この玄武岩、花崗岩及び安山岩はマグマの凝固によるもので火成岩といわれる。

大陸上には、その他に堆積岩、変成岩等の種々の岩石が存在する。堆積岩は、火成岩が水により浸食を受け砂などの粒子となったものが堆積して形成されたものである。また、変成岩は、地殻変動により、火成岩あるいは堆積岩が地下深く潜り込み、高温高圧下の環境で変成したものである。現在の地球最古の岩石として、三八億年程前に生成された堆積岩から成る変成岩がみつかっている。

・生命ある地球へ

原始地球に海洋が形成された後二～三億年程度経た頃には、起源生物が誕生したとされる。生物は少なくとも高分子有機物質を主な素材にした構造体である。この高分子有機物質の材料は、炭素、窒素、水素等から成る低分子化合物である。例えばアンモニア、メタン等が挙げられるが、この時期には極ありふれた存在物であった。曾て、オパーリンは、無機物質が化学進化して有機物質になり生命誕生につながったとする化学進化説を唱えた。それに従うと、上記低分子化合物が例えば海底の火山噴火の領域に高密度に集められ、適度な温度条件下で化学反応することによって、高分子有機物質に合成された。そして、何らかの触媒によって例えばリボ核酸（ＲＮＡ）あるいはデオキシリボ核酸（ＤＮＡ）が生成されて、生命が誕生したと考えることもできる。しかし、上記起源生物の誕生のシナリオは今のところ明らかでない。

ところで、三八億年前には、単細胞の原核生物である真正細菌、古細菌が出現し、その後生物活動の化石が発見されるようになる。尚、真正細菌であるバクテリアは、現在でも海底の熱水中に生息している。そして、藍藻（シアノバクテリア）が大量発生する。この微生物は光合成をすることによって、二酸化炭素を酸素に変え、有機物質として炭素を体内に固定する。このバクテリアもストロマトライトという石灰岩を形成し、その表面で現在も光合成を行っている。

二七億年程前といわれるシアノバクテリアの大量発生は、海中の酸素量を増加させ、大気から溶け込む二酸化炭素を減少させていく。そして、海中の酸素は大気中に放散することにより、大気中で酸素が増加し、二酸化炭素が低減していくことになる。この生物による酸素の生成は、地球の進化に大きな影響を及ぼすことになるのである。例えば、大気中に拡散した酸素は、太陽から降り注ぐ紫外線を遮断するオゾン層となり、生物のＤＮＡを破壊する有害な紫外線の減少を可能にした。これにより、生物が海から陸上へ進出する環境ができていくことになる。あるいは、水に溶存する酸素が地中深くに入り込み、地殻の他にも地球内部が酸化による化学変化を起こし易くなった。

また、二〇億年程前には、単細胞の真核生物である原生生物が出現してくる。この真核生物は、細胞の核ＤＮＡが核膜によって包まれ保護されている生物である。これに対して前述の原核生物では、この核膜が存在しない。その後、真核生物の中で細胞数が増加して進化した多細胞生物が現れるようになるのである。この多細胞生物は、例えば有機体として種々の機能を有するように進化する。尚、原生生物では、核DNAの他にもミトコンドリア、葉緑体のようなDNAが一個の細胞内で互いに調節し共生するように進化する。

・鉱物の多様化

鉱物とは、地殻中に存在する大部分が無機物から成る固体物質であり、岩石を造っている。岩石惑星の原始地球は、その鉱物の主な化学元素が前述のビッグ六元素であり、一二種程度の鉱物により構成されていたとされる。そして、原始地球の溶解による液相、気相の分離、高温・高圧の条件変化を通して、鉱物の種類は徐々に多様になっていった。ここで、気相は水蒸気と二酸化炭素から成る大気になり、液相は冷却により上層から次々と固体になり、種々の鉱物が地殻として形成された。

その後、上述したように、放熱による温度の低下と共に大気の水蒸気は液相となって海水になる。そして、液体となった水は、火山の噴火で形成された火成岩を侵食し、大陸となった地殻上に堆積岩を形成するようになる。また、現在の地球地殻でいわれるプレートテクニクスと同じように、当時の地殻も一枚ではなく、複数のプレートから成り、移動していたのであろう。これにより、二つのプレート境界では、一方のプレートが他方のプレートの下に沈み込むことは、当然に生じていた。そして、プレート境界で特に火山活動が活発であって、地球表面の縦方向の岩石の移動が続いた。この縦方向の移動は、例えば上述した堆積岩あるいは火成岩を下方に沈め、温度・圧力による変成作用を及ぼした。これにより種々の変成岩が生成された。それと共に新しい鉱物が生成された。尚、天体からの小惑星の衝突によっても変成岩は生成されている。

そして、鉱物の多様性は、特に上述したシアノバクテリアの光合成により増加し続けた酸素によってもたらされた。酸素は他の化学元素と化学結合し易く、物質を酸化物に変質させる。大気中及び水中で増加する酸素によって、鉱物は酸化を受け、従来と異なる化学組成のものが多く形成されたといわれる。ここで、新鉱物には、マンガン、ニッケル、銅、水銀、ウラン等の化合物が加わり、それ迄の数百種が三千種程になったとされる。尚、現在の地球上で見つかっている鉱物は四千五百種程度である。現在の鉱物種は、化学組成での分類と結晶学的分類の組み合わせで決められる。有機鉱物種は約五〇種と少なく、ほとんど全てが無機鉱物である。無機鉱物は略三種類に大きく区分でき、基本的に単一種の化学元素から成るもの、二種の異なる化学元素から成る化合物、三種以上の化学元素から成り一種は酸素である化合物である。

・生物の多様化と有機化合物の増加

海の中で真核生物の多細胞化が起こった頃、地球表面が略全域にかけ凍結したといわれる。これがいわゆる六〜七億年前に生じたスノーボールアース（雪玉地球）である。この時期、多細胞生物の捕食及び被捕食の生存競争は激化すると共に生物の数は減少した。そして、スノーボールアースが終結すると、生物界のビッグバンともいわれる生物多様化のカンブリア爆発が短期間（千万年程度）に起こる。その後、古生代（約五億七千万～二億五千万年前）に生物の大量絶滅が二回は発生したが、その度に新生物が生まれている。また、植物及び動物の上陸による多様化、大気中の酸素量が現在の二〇％を大きく超えて、三五％程度になることによる昆虫の拡大等が起こる。中生代（約二億五千万～六千五百万年前）にも生物の大量絶滅が二回は発生している。この時期に、恐竜が出現、繁栄、絶滅をし、恐竜から鳥類が出現することになる。そして、新生代（約六千五百年～現代）では、霊長類が出現し、類人猿を経て人類が誕生し進化した。現在、人類は地球の生態系の頂点に立っているが、それを破壊し絶滅させる能力を持ちつつある。尚、新生代の期間は、古生代あるいは中生代の三分の一程度であるが、生物の大量絶滅は未だ起こっていないようである。

地球上の生物は、生命の誕生から三八億年程度の間で、数えきれない種の交代を繰り返し進化してきた。地球環境の大変動による大量絶滅の後は、カンブリア爆発にみられるように新種の生物が雨後の筍の如く生まれ、生物多様化が進んだ。現在の地球上の生物は、未知のものを含めて、陸上種六五〇万以上、海洋種二二〇万以上の八七〇万種以上に達すると推測される。

地球上で、これ迄に生存した生物あるいは現存する生物によって、多数の有機物質が生成されている。特に、光合成の能力を獲得したバクテリアは、無機物である二酸化炭素と水から種々の有機物質を作り出す。そして、原核生物で微生物のバクテリアは、生物進化の中で、単細胞の原生生物あるいは多細胞の植物における細胞内に共生し例えば葉緑体として生き残っているのである。現在の植物では、光合成を通して糖類が作られ、それから種々の炭水化物や油脂が生成される。

また、この有機物質を生成する生物を捕食する例えば動物のような生物は、その有機物質を素材にして、種々の有機物質を生成することになる。あるいは、その動物を捕食し養分とする他の動植物のような生物によって、更に種類の異なる有機物質が生成されることになる。

更に、生物の死骸は、地球上で水、酸素等の反応性の高い無機物、あるいは微生物等によって、変質を受けたり分解されたりする。これにより、生物を構成していた有機物質から、種々の低分子有機化合物あるいは一部の無機化合物が生成される。あるいは、種々の生物の有機物質から、それを含む土壌や岩石が作られたり、石炭や石油のような物質が形成される。

このようにして、地球上の有機化合物は多様化し、その種類は増加している。現在、有機化合物なる分子は千万種以上といわれる。地球上の物質は、有機化合物と無機化合物によって形成され、一億種以上に達するとされる。尚、無機化合物なる分子の数は六万種程である。

太陽系の一惑星である地球は、一方向に不可逆的にその状態を変化させ進化してきた。そして、その中で、多くの鉱物等の無機物質が生成された。また、有機物質を造り出す生物に影響され、有機／無機化合物の種々の物質が生成された。地球上の物質は、地球と生物の共進化の下で多様化し、進化してきたともいえる。

三　物質の適合性

諸行無常という言葉があるが、物質は無常で変化の中にあると考えた方がよい。その変化は不可逆的であり一方向にある。即ち、物質は単純なものから複雑なものへと、多様化をして進化しているのである。以下、この物質進化の動因について考察する。

1　空間膨張

宇宙あるいは空間の膨張は、天体物理学者であったルメートルの理論研究及び天文学者ハッブルの天体観測以来、現在では受け入れざる得ない科学的事実になってきている。尚、これ等の発見は、それぞれ一九二七年と一九二九年であり、九〇年近く前のことになる。その間、宇宙膨張の証左とされる経験事実として、宇宙マイクロ波背景放射が観測されている。また、最近では、加速する宇宙膨張の観測結果が報告されている。現在の人間は、自然界について考察する時、この三次元の空間を静的不変な器とすることが許されない。自然界の空間自体も変化するものであって、動的膨張にあるという前提に立たなければならないのである。曾てライプニッツは、空間と物体を不可分なものとして捉え、物体のない所に空間は存在しないとし、空間は物体間の位置及び運動の相対的な関係を示すに過ぎないものとして考えた。これは、ニュートンが唱えた絶対空間を否定するもので空間の関係説と言われている。空間を静的不変な器とすることは、上記絶対空間に通ずる考えであるのに対し、空間の関係説は、空間の動的膨張の立場と矛盾しないように思われる。

ここで、空間の膨張度合いを具体的に見積ってみることにする。最近の宇宙膨張の観測結果により得られるハッブル定数（七一キロメートル／秒／メガパーセス）を用いると、三次元空間の膨張において、一次元方向の伸長率は約七・二六×一〇のマイナス一一乗／年となる。尚、このハッブル定数では、地球から三二六万光年の距離の空間は、秒速七一キロメートルの速さで伸びていることになる。そして、宇宙進化の中でハッブル定数が一定であったとすると、地球誕生から四六億年の間に、空間は一〇％程度伸長したことになる。但し、空間が時間に対して指数関数的に膨張するとした数理モデルに立つと、この伸長数値はもう少し小さくなる。

物質環境の一つであるこの空間の変化は、地球を含む物質にどのような影響を与えているのであろうか。物質も空間と共に一〇％程の伸長をしているのであろうか。否、少なくとも地球を含む物質はこの空間の伸長に全く影響されていないと考えた方がよいであろう。

この宇宙膨張は、現在種々に議論されている例えばダークエネルギーあるいは真空に潜むエネルギーに起因するものであったとしても、空間を画する堅固な物体を伸長させる程の力にならないからである。この地球上の物体は、上述したように、階層構造を成す物質であってクォークのような基本粒子、この基本粒子の凝集した陽子のような複合粒子、この複合粒子の凝集した原子核をもつ原子、この原子が凝集した分子によって構成されている。そして、これ等の凝集には強い力、電磁気力のような基本的相互作用あるいは化学的結合力、分子間力のような二次的相互作用が働いている。上記空間を膨張させる力は、最も弱い分子間力に較べても桁違いに微弱なものなのである。

宇宙空間に存在する銀河系は、何千億という恒星が重力により凝集し、その中心領域にあるといわれる巨大ブラックホールの周りを回転運動している。このような系においても個々の恒星は、宇宙膨張による空間の伸長には影響されていないと考えた方がよい。即ち、恒星間の距離は空間変化により伸長していない。当然に太陽系の太陽と惑星の配置にも影響はない。このような銀河は、微弱な重力によって数十個から数万個に凝集し、銀河群あるいは銀河団を構成している。宇宙膨張の影響は、この銀河の群れのような物質階層において現われていると考えてよいであろう。即ち、銀河間の距離は空間変化により伸長している。同様のことは、銀河団がフィラメント状に凝集しているとされる超銀河系の物質階層にも当然に現れているのであろう。

物質は、その環境変化である空間膨張に対して、物質間に働いている相互作用に基づいて適合していると看做すことができる。このような環境変化に対する物質の環境への適合は、現在想定されている初期宇宙において顕著に現れたものと推測されている。即ち、想像を絶する高エネルギーにより誕生した熱い宇宙は、そのエネルギーによって短時間に空間膨張した。この時期の宇宙において、物質を形作る基本粒子及び相互作用をするゲージ粒子が、上記エネルギーの凝縮により生成されたのである。

更に、続く空間膨張に適合して、基本粒子が凝集し複合粒子になる。ここで多種類のハドロンが生成されるが、陽子及び中性子の核子以外は、空間膨張に適合することなく消滅してしまった。その後、核子と電子が凝集して、水素、ヘリウムあるいはリチウムの化学軽元素が生じて宇宙を満たすことになるのである。

2　温度変化

空間に存在する粒子とその運動とは切り離すことのできない不可分の関係にある。そのために粒子は運動エネルギーを必ず有することになる。そして、多数の粒子が集まった粒子集団は、粒子間の運動衝突を繰り返して、所定の速度分布あるいはエネルギー分布を示すようになる。ここで、粒子集団の系あるいはその部分系に於いて、前記所定分布が一定になり平衡に達すると、その系あるいは部分系に温度が定義できることになる。そして、粒子の運動の大きさは温度によって計量される。この温度は系の環境により決められる。

粒子集団から成る物質は、その温度に適合して種々の相に転移する。一般的には、低い温度で固体の相であったものは、温度の上昇につれて、液相になり更に気相へと変化する。その温度が更に上昇し例えば摂氏数千度程になるとプラズマの相が現われる。これは、気体になった粒子がエネルギーにより電離し分解されて、正イオン、負イオンあるいは電子になった状態である。このような相転移において、例えば固相から液相に変化するには融解熱が必要になり、液相から気相への変化に気化熱が必要になる。ここでは、温度の上昇すなわち粒子の運動は大きくならない。通常、環境からの熱は系の温度を上昇させるが、融解熱及び気化熱は系の粒子間の相互作用を解除するためのものになる。尚、粒子間の相互作用は、固相と液相においてそれぞれ異なり、また粒子の種類によっても変わってくるものである。このように物質は、環境から受ける温度の変化に適合して変容することになるのである。ここで、粒子は原子又は分子である。

上述した地球上における多様な無機物質あるいは種々の有機物質も、その物質の環境の温度に影響され、その変化に適合するように生成したものである。例えば、鉱物のような無機物質の生成では、無機化合物の高温度の化学反応において、環境からの熱により大きな運動エネルギーを得た鉱物の原子あるいは分子が化学結合ができる。そして温度変化し、温度が下がると、この化学結合による新しい鉱物の存在が可能になるのである。この場合には、環境からの熱は、鉱物の原子あるいは分子が結合に必要となる障壁を越えるために使用される。

有機化合物の化学反応によって有機物質が生成する場合も、同様に、有機化合物の原子あるいは分子は温度変化に適合することになる。

また、種々の原子核も温度変化に適合して生成される。水素の原子核は一個の陽子であるが、他の化学元素の原子核は核子の核合成によって生成される。ビッグバンから少し経過し、宇宙の温度低下と空間膨張の中で、核融合が生じる核子の温度と密度の条件に適合して、ヘリウム、リチウムのような化学軽元素の原子核が大量に生成された。その後、水素、ヘリウム等のプラズマは中性化して水素原子、ヘリウム原子となる。そして、最も多量に存在する水素原子あるいは分子は、重力の相互作用により凝集して核融合を生じ、その後、種々の恒星を形成していくことになる。上述したように、恒星あるいは超新星爆発において、種々の質量を異にする原子核が核融合を通して産まれる。この核融合においても、上述した鉱物の生成で説明したのと同様に、重力エネルギーから生じた温度の変化に適合して、核子の結合が起こる。この場合も、結合すなわち融合には乗り越えるべき障壁があり、そのための熱エネルギーが必要になってくるのである。また、この核融合では、核子である陽子と中性子の結合する数とその比率は、任意に選ぶことができないものになっている。核子の凝集体のうち適合しないものは崩壊し、その存在が不可能になっている。地球上に存在する原子核から成る化学元素は元素周期表にまとめられているが、その他に同位体元素も適合した原子核から成っている。

3　圧力変化

物質は、ビックバンや超新星爆発あるいは重力等によって圧力を受け、この圧力に適合して変化するものである。鉄より原子量の大きい原子核は、超新星爆発で生じる主に圧力に適合して生成されているのであろう。また、地球上の鉱物や分子は、温度と共に重力圧力に大きな影響を受けて形成されている。鉱物の場合では、鉱物の素材分子あるいは素材原子間の距離が圧力変化によって変わる。この距離の大小によって、化学結合できる素材分子あるいは原子が変化する。このために、形成される鉱物の種類は温度が同じでも圧力によって異なるものになるのである。更に岩石は、火成岩、堆積岩、変成岩に大別されるが、地球進化で触れたように地殻の圧力変動に適合するように形成されている。また、高分子有機化合物は海底の圧力に適合するように形成されたと考えられる。

恒星における原子核も恒星内部の圧力変化に適合して生成している。即ち、恒星進化で触れたように、恒星の寿命及び生成される原子核の種類は、恒星の質量に大きく依存する。恒星の中の圧力は重力によるものであり、質量が大きくなると重力圧力は増大し、核融合反応が激しく進む。そのために、一般的にいって恒星は短寿命となり、より質量の大きな原子核が形成されるようになる。

上述した宇宙進化、恒星進化、地球進化の下に物質が多様化し進化することは、結局は物質の環境が一方向に変化し、物質がその環境変化に適合していることによる。この環境の変化は、空間膨張、エネルギー変化、圧力変化等である。ここで、物質の属性である運動エネルギーと物質の相互作用の大小関係により、物質は種々の凝集の形態を取ることによって、多様化し進化する。環境変化は前記大小関係に影響を及ぼしているのである。更に物質は、その属性として運動エネルギーの他に特有の性質を具有していると考えることができる。例えば、電荷、色荷、スピン、パリティ、質量、排他性、対称性等が挙げられる。

この特有の属性も物質の適合に大きく関わり、物質の凝集の形態に影響を与えていると思われる。その顕著な例は、上述したハドロン及び原子核におけるそれぞれクォーク及び核子の安定的な凝集にみられる。

B 生物

自然界において、上述したように、物質は環境に適合して多様化し進化していると看做すことができる。生物の構成素材となる有機物質は、化学進化を通して宇宙で生成されている。それは、暗黒星雲でも観測され地球上にも存在している。更に、少なくとも地球上においては、低分子有機化合物は分子進化といわれるように環境に適合して高分子化されることが起こる。そして、この高分子有機物から生物になる生命体は、例えば、地球の海底におけるある環境下で誕生したと考えられている。上述したように、これが地球の誕生間のない四〇億年程前のことである。その後、この生命を宿した構造体が生物として種々に進化を重ねることにより、現在の人間も誕生しているのである。

現在の人間の「知の意識」によれば、生物は、物質進化、化学進化、分子進化、細胞進化を経て、生命進化あるいは生物進化を、この地球上で現在も行っている。この章では、生物の特質について考察をしていく。

一　生物とは（生命観）

生物とは、生命を備えている物であるといわれる。逆に生命とは、生物一般の基本的な属性あるいは本質的な特性といわれる。しかし、それ等を規定し定義することは難しく、このことは生物と物質とを厳密に区分けする難しさに繋がっている。以下では、先史以来の人類が接した生物に対する生命観について整理してみる。

・先史における生命観

人類は、曾ては他の生物と同様に環境世界と一体に和合していた。しかし、上述したように言葉を獲得し概念をそれによって表現するようになると、主体と客体を充分に認識できるようになる。そして、環境世界との一体の和合は解かれ、その客観視あるいは対峙がなされるようになっていく。また、少なくとも後期旧石器時代には、死者の埋葬が行われるようになった。これは、人類がその生と死の繋がりを強く意識していたことの表れである。その後、この意識が霊魂という生命観を育んでいくことになる。そして、霊魂の観念は人類史に深く根を下ろしていくのである。尚、詳細は後述するが、「生の意識」によるものを環境世界というのに対し、「知の意識」によるものを自然世界という。

環境世界を客観視するようになった人間は、その存在を知ろうとする欲求を強く持つようになり、「知の意識」を芽生えさせることになる。そして、氷期も終わり農耕牧畜生活が始まる新石器時代では、自然世界を知るために、人間は自然を擬人化し霊なる概念を創り出し、その霊との情報交換をしようとするようになる。これがアニミズム、シャーマニズム、トーテミズムのような原始宗教となり多くの神々が創り出される。このようにして、人間の特質の一つである強い好奇心は、自然世界の未知のことがらに向けられ、その裏腹の不安感が解消される助けになった。このような霊あるいは霊魂の感覚が生物に関する生命観へと移行していくことになる。また、この神の概念は、有史以来の宗教及び哲学の中で種々に変遷をして現在に至っているのである。

更に、農耕牧畜の生活によって、人間の集団社会は拡大し豊かになり、階層化、分業化等の形態変容を招来した。また、人間にとっての自然世界も地上から天上へと拡大した。その中で、人間にとって身近で不可思議な生命に対する関心は増大し、人間の病気あるいは生死に深く関わる専門家が出てくる。そのような人達によって、呪術的あるいは宗教的な儀式が生み出され、霊魂の生命観が人間の社会に深く浸透していったものと思われる。

・古代における生命観

上述したように、人間は自然世界に霊魂という概念を創出した。この霊魂は生物及び非生命体の物質に内在するものとされた。そして、古代の例えば四大文明の人間世界において、更にその後の有史の人間社会にあっても、霊魂を生命原理とする生命観が本流となって流れ続けたものと思われる。

古代インド社会では、広義ヒンドゥー教であるバラモン教が人々を支配していた。そして、そのヴェーダ聖典の奥義書であるウパニシャッドの学匠であったウッダーラカ・アルーニは、万物にアートマン（霊魂）が入り込んでいると説いたとされている。これは紀元前八世紀の頃といわれ、その弟子のヤージュナヴァルキャに受け継がれ、その後に輪廻転生の思想に繋がっていったように思われる。古代インドの社会形態の中では、神を崇める宗教が発達し、膨らむ社会集団を統べる手法の一つになっていくのである。これは人間の社会進化として捉えることができる。この古代インドの社会進化の中で、バラモン教から始まったとされる輪廻の思想は、生をもつ物に宿る霊魂が相互に移り変わること、即ち転生することを説く。これは、生き物が全て同等であるという基底を表わしている。この基底は、その後の狭義のヒンドゥー教、ジャイナ教あるいは仏教の中に、一つの生命観として連綿と生き続けることになる。

古代中国の社会では、紀元前六世紀後の春秋時代にあって、「気」の循環を説く世界観が広く展開される。「気」の原義は、蒸気の立ち昇る象形として示されているように、水蒸気を指すといわれる。そして、「気」の概念は、変化の性格を有し、固体（氷）、液体（水）、気体（水蒸気）に自在に変わることを含む。この「気」の言葉によって、天地・万物が統一的に説明できると考えたのであろう。世界の森羅万象は、天地の理法や「気」の循環、離合集散によるものと解釈された。ここで、世界の諸事物は全て「気」によって形成されるものとなる。そして、生命とはこの気が高密度状態にあることであり、この「気」が発散し希薄状態になると生命はなくなり死になると考えられるようになる。

更に、老子を開祖とする道家では、生命の永遠性がこの「気」の考え方あるいは神仙伝説と結びつけられ信じられるようになる。即ち、不老不死の生命観が現われてくるのである。

古代ギリシャ社会には、生命観を示すよく知られた言葉としてプシュケー（霊魂）がある。これは元々は息を意味する。因みに古代インドのアートマンも元は息を意味したものであった。アリストテレスは、多くの学問の体系化を試み万学の祖と呼ばれる。神学、形而上学に関する「第一哲学」に対して、自然学に関する「第二哲学」では、自然には可能態（デュナミス）と現実態（エネルゲイアあるいはエンテレケイア）があるとされる。そして、自然界は、可能態が現実態へと生成変化するところであるとする目的論を基軸に体系化されている。この目的論的な捉え方は、自然界の物質及び生物における生成や運動の一貫した説明を可能にした。上記プシュケーについて、アリストテレスは生物の合目的性を強く念頭において、植物的プシュケー、動物的プシュケー、人間的プシュケーの区別を取り入れて考えている。この考えは、古代インドの生物に宿るアートマンの平等の考えと対照をなしている。

アリストテレスは思弁を駆使する哲学者であると共に、生物を学問上の対象にし実証的観察を通して、「動物誌」、「動物発生論」などを書き残した生学物の祖とも呼ばれる。このため、彼の目的論的な自然学は生物の観察から培われたものであろう。上述した三種類のプシュケーの考え方は、その後の古代ローマ時代の医学者で哲学者であったガレノスの生命観に繋がっていく。彼は古代ギリシャの医聖ヒポクラテスが基礎づけた経験重視の科学的医学を推し進めた人である。そして、腸で消化された食物の生気は肝臓で成長の原理になり、肺からの生気で鮮紅色になった血液は心臓を介して生命生気として運動の原理になり、動脈の血液は脳に達して精神生気になると考えた。このような三個の主要器官にそれぞれ生気を対応させるやり方は、アリストテレスの唱えた三種類のプシュケーの考え方を受け継ぐものであった。この生命観は一種の生気論として捉えることができるのである。

・中世における生命観

歴史の時代区分は地球上の地域あるいは歴史観によって変わり一定ではないが、ここでは西暦四七六年の西ローマ帝国の滅亡以降から同一四五三年の東ローマ帝国の滅亡までを中世に区分しておく。この中世は、全般的に人間の思想に対して、汎宗教が大きく影響を及ぼした時代になっている。ヨーロッパの社会では、絶対的な神をもつキリスト教が広く流布して浸透し、その画一的な教義が長い期間にわたって保守された。ここでは、旧約聖書の創生記に従い、世界は自然界、人間、動植物、その他の生き物を含む全てが神の目的に沿って創造されたものと考えられた。そして、人間の生命は、神の特別な計らいの下に造られたものであり、他の生き物の生命とは全く異なるものとされた。尚、キリスト教の世界観はアリストテレスが集大成した世界観を換骨奪胎して構築したものになっているのである。

同様に、中世アラビア世界のイスラム教、インドからアジア地域にかけての仏教及びヒンドゥー教、そして中国から極東アジアにかけての儒教と道教は、汎宗教として広く人間社会に溶け込み種々の影響を与えた。ここで、生命観についてみると、先史における霊魂の概念が人間の中で底流として流れ続け、上述したような古代における生命観が、それぞれの宗教流布の中で維持あるいは一部の錬磨を受けて、受け継がれているように思われる。

・近世における生命観（自然科学の芽生え）

この近世の区分は、中世が終わり絶対君主の政治形態が続く時代であり、経験科学技術の成果である産業革命がイギリスで進展し、市民意識が高くなりフランス革命が起こる一七八九年以前としておく。

ヨーロッパの社会では、イタリア・ルネサンスといわれる文芸革新の運動が起こり、古代ギリシャ・ローマ時代の精神復興が唱えられる。また、地球規模の大航海がなされ、アフリカ、アジア、アメリカ大陸への海の航路が開かれていく。更に、芸術、文化の革新気運が続く中にあって、経験科学である自然科学が大きく芽生え出すのである。この経験科学は、人間が自然界に働きかけて観察あるいは観測し、思弁知に替わり経験知でもって自然界を整理しようとするものである。その中で、デカルトはアリストテレス以来の大きな影響を、哲学、数学、自然科学の分野で与えた。デカルトの発展的自然像は自然の法則の概念に基づくものであり、ニュートンの力学形成の土台になったといわれている。物体の慣性運動の概念、物体の衝突における運動量保存の法則などをデカルトは提示しているのである。そして、自然界はいくつかの不変の法則によって展開しており、自然自身のある機構に従い自律的に動くという、いわゆる機械論的世界観が描き出されるのである。尚、デカルトの「哲学原理」をニュートンは熱心に読んでいたとされている。

このニュートンにより、一六八七年になって自然哲学の数学的原理といわれる著書プリンキピアが出版される。それは、物体の運動の法則を数学的に表現する力学体系をなし、天体の諸惑星の運行あるいは地上の物体の運動を一律に取り扱える数学モデルを提示するものであった。このニュートン力学は、現代にも通じる自然科学の金字塔であり、その後の経験科学と自然観に多大な影響を及ぼすことになる。但し、この思弁知と経験知を備えた成果は、ルネサンス以降に輩出した、例えば地動説を復活させたコペルニクス、天体惑星の詳細な観測を残したティコ・ブラーエ、ケプラーの法則を提唱したケプラー、実験により自然を検証したガリレイ、そして新しい思弁方法を残したデカルトに負うところが大きいといえる。

このニュートン力学体系が有する自然観は、ニュートン的世界観として十九世紀の終わりまでの二百年強に亘り、信じ続けられる。また、ニュートン力学は機械論的決定論であり、デカルトが定式化した機械論的世界観を科学的に支持することになるのである。

当時、ヨーロッパ大陸側の合理論者であったデカルトは、生物界の生命現象も機械論の立場で一貫している。即ち、生物は機械仕掛で動き、機械との類比により理解できると考えられている。この思想は、後世の生命観における機械論の起源とされることになる。尚、生命の機械論的な捉え方は、デカルトの死後に出版された著書「宇宙論」の一部であった「人間論」で説かれている。彼はガリレオ裁判のような宗教裁判を恐れて、生前の公開を断念している。

また、生物現象を経験科学として実証的に解明しようとする機運も、上述したような天体あるいは地上の物体運動に対する科学的探究に刺激されて高まり、多くの経験知が得られている。例えば、ハーベーによる血液循環の実験的証明、光学顕微鏡によるフックの細胞の発見、カラリウスによる植物の有性生殖の研究等がある。このような経験知は、アリストテレスの目的論に替わり、生物現象に超自然的な生命原理を否定する生命機械論を支持するように働いた。

しかし、それ以上の新しい展開はみられていない。

他方、大航海により地球上の未知領域が開拓され、種々の生物及び鉱物が知られるようになり、博物学が隆盛することとなる。特に十八世紀になると、旅行家、探検家、採集家が多く出て、地球の未開の地域の生物、鉱物が知られるようになる。そして、例えば分類学の父とされるリンネは、著書「自然の体系」の中で、自然物は鉱物界、植物界、動物界の三界に区分され、鉱物は成長し、植物は成長し生き、動物は成長し生き感覚を持つ、と定義している。このことは、神がある目的のために人間を含むこれ等被造物を創造したとする、中世のキリスト教義がこの時代も深く根をおろしている証左になっている。

・近代における生命観（自然科学の展開）

近代区分としては、西洋史で市民革命後のブルジョア社会が続く年代とし、資本主義体制の下での植民地覇権主義が終焉へと向かうことになる第二次世界大戦終了の一九四五年迄に設定する。

この時代の長さは一五〇年程度と近世の区分の半分以下となっているが、自然科学的世界観の下で物質科学から生まれた技術により、多大の人工造成物が創出されることになる。その中で特に人間の労力を支援する機械及びその動力源の発明は、近世の終わり頃に始まった産業革命にみられるように、人間の産業構造を大きく変革していくことになる。そして人間の生産対象は、生き物を扱う農業あるいは漁業から、物質を対象にした大量生産の工業へと変わっていくことになるのである。この工業中心の産業構造は更なる科学技術の創出を促進することになる。これはまた、資本主義の人間社会を築き上げ近世の商業主義によっていたものより、更に広範囲の植民地体制を造り上げた。

このように西洋社会の構造が変化し、地球上の富が西洋の領域に偏っていく中で、ヨーロッパのイギリス、ドイツ、フランス等の一部の国にあって、新分野の自然科学が大々的に展開されることになる。その第一が自然界の電磁現象である。これは、古くから経験され知られていた物体が帯びる磁気及び電気に関係する現象であり、電磁気学として実験と理論の両面で大きく進展した。そして、光は電磁気の波すなわち電磁波であり、例えば光学顕微鏡や望遠鏡等で重要である光学現象は、電磁気学に統合して理解できることが確認された。この電磁気学の分野の科学は、極めて多くの技術を創出し、生活用、工業用、科学用、医療用、武器用等の多岐に亘る人工造成物を創り出すことになる。

更にこの自然科学は、近世の時代で絶対的且つ支配的であったニュートン力学及びニュートン的世界観に綻びを見い出すことになる。それは十九世紀の末のことである。初めは小さなものであった綻びから、第二及び第三となる自然界の姿が現れ出すのであった。第二の自然界の姿とは、日常世界に較べて極微の例えば分子以下のミクロ世界の現象である。これは量子力学として学問体系化される。そしてその第三とは、光速に近い物体の運動現象あるいは超マクロの宇宙現象のことであり、特殊相対性理論と一般相対性理論として学問体系化されている。これ等の自然科学の窓は、共に二〇世紀の前半には開設され、現代でもその窓を通した自然界が検証されている。そして、特に前者のミクロ世界の現象を認識及び理解することは、それから派生する科学技術によって、後述するように多大の人工造成物を創出することに繋がった。

このような物質に関する自然科学の発展に較べて、生命現象に関する自然科学は大きく遅れていたが、一九世紀に入ってその基盤が築かれ始める。一九世紀初頭には、博物学から分岐して「生物学」という用語が生まれる。上述したリンネの分類学において、植物界及び動物界と鉱物界は連続するものでなく、「動植物と鉱物の間には越えられない断絶がある」ということがラマルクによって強調された。ここにおいて、物質と生命の対比が明確に認識された。そして、これ迄に蓄積された多様な生物に対する科学的な知見が得られるようになる。その第一が、生物は細胞によって構成され、その数の増加と形態変化により生長するというものである。この細胞説はシュライデンとシュワンがそれぞれ提唱したとされるが、細胞の発見は一七世紀中頃にフックによってなされていた。その第二が、生物進化の概念である。それは、ラマルクによって一八〇九年に着想されていたとされるが、生物分類の基準単位である種を、進化と呼ばれる歴史発展の単位として捉え、進化の実体概念を確立したダーウィンの「種の起源」である。そして、その第三が、細菌を含む生物の自然発生説の否定である。これは、一八六一年にパスツールによって実験的に実証された。これにより、古来より続いてきた生物現象における霊魂に基づく生気論は消え去ることになる。更に、第四としては、生物における遺伝の実験的な検証が挙げられる。これは、一八六五年にメンデルがエンドウ豆の詳細な観察からメンデルの法則として提唱したものである。

その他に、生命現象について種々の実験がなされ、物理、化学の法則は生体にあっても成り立っていると認識されるようになる。それは科学の中の有機化学、生化学の発展にも強く影響されている。そして、生物の個体に宿るとされたプシュケー（霊魂）は否定されたものの、他方で、個体の構成部分である器官あるいは組織には何らかの生命原理が存在すると考えられた。例えば、実験発生学の結果から、ドリーシュは生物の細胞が目的をもって増殖し成体になるとし、アリストテレス流の目的論を提唱する。これは、上記生命原理を念頭においた数ある生気論の一つである。また、理論生物学者のベルタランフィは生気論と機械論を止揚する有機体論（生体論）を唱えた。これは、生物個体はその構成部分が相互に連携し調節し合い、全体として組織化されているとする生命観を提示した。

最後に、上述した量子力学の形成時に立役者の一人であったニールス・ボーアの生命現象に対する考え方を記す。それは、要約すると「生命の存在」を「基本的事実」として認めることを出発点とし、生命現象の解明には物理・化学によるとするデカルト流の生物機械の分析を通した認識と、生物特有の機能の認識とが必要であるとするものである。そして、このような理解の方法は、量子力学で現われた例えば物質の粒子像と波動像の認識及び理解のために提唱された、相補性原理が敷衍し適用されたものであった。ここでは、生命現象は物理化学による機械論的な還元手法だけでは、説明できないとされている。

・現代における生命観（生命科学の進展）

第二次世界大戦の終了後、物理学者達の生命現象を解明しようとする機運が高まる。そして、遺伝生化学の研究が進み、X線構造解析に基づいたDNAの二重らせんモデルが、ワトソン及びクリックによって、一九五三年に提唱されることになる。これは生物学上最大の画期をつくったといわれ、生態を分子レベルで究明しようとする分子生物学の土台を成す。現在、分子生物学は生物特有の機能とされる遺伝、増殖などの自己複製、あるいは代謝におけるタンパク質、酵素、糖、脂質等の生体高分子の合成などについて、分子レベルの統一的理解を進展させている。そして、その理解は還元手法による分析・統合化であって、生態の機械論の立場にある。ここでは、有機高分子の挙動が分子レベルで分析され、自然科学として実体論的段階にあるとされる。

生物特有の機能について、生体高分子の挙動を熱力学によりマクロに究明することで、理解しようとする科学研究も進められている。これは、生命の力学系モデルといわれるもので、量子力学の確立時の立役者の一人であったシュレディンガーが提起した考え方に由来する。彼は、生物の機能の根源を無秩序と秩序の形態の中に見い出そうとしたのであろう。「生命とは何か」の著書の中で、「生きているための唯一の方法は、周囲の環境から負のエントロピーを絶えずとり入れること」と結論している。現在、物質である有機高分子の挙動を熱力学という現象論を通し把握することにより、開放系である生体における調節・制御の秩序のメカニズム解明に繋げる試みが種々になされている。尚、現象論では、系の熱平衡及び非平衡状態を表現できる熱力学あるいは統計力学そしてプリゴジンの散逸構造の理論を超える展開も行われている。

また、生体を自動制御機械として捉え、数理の上で説明する数理科学的手法も種々に検討されている。それは、チューリングのコンピュータープログラミング、シャノンの情報理論、ウィーナーのサイバネティクス等を基礎として、情報伝達、情報処理の面に焦点を当てるものである。そして、数学者のフォン・ノイマンの提唱した自己増殖オートマン理論は、ＤＮＡのもつ情報処理等の仕組みを数理的に理解できるような形にした。更に、現在では、数理科学の手法は、例えば人工知能（ＡＩ）にみられるように、人間を含む生物の認知科学や脳科学及びその技術展開において重要な手段を提供している。

近世時代にニュートンにより切り開かれた力学体系を物質における科学革命の始まりとするならば、その約二五〇年後のワトソンとクリックによるＤＮＡのモデル提起は、生物における科学革命の濫觴になっている。ここで、現代の生命科学にある生命観は、自動的機械論といえるのではないだろうか。デカルトが定式化した機械論は、アリストテレスの自然現象の説明に用いられる目的論に代わるものであったが、自然界は神によって創造され神の目的に沿っていることは否定するものでなかった。しかし、この自動機械論では、神も含む何かの目的は全て排除され、生命現象は創発的、自動創出的あるいは自己組織化により生じるとされるのである。このような生命観の検討は後で再度行なうことにする。

現在、生命科学は今迄の遅れを取り戻すかのように怒涛の勢いで進展している。それと共に派生する技術は、人間による生命操作を容易にし、生物界に種々の人工生物を造り出せるようになってきている。そして、例えばＤＮＡの構造を変えるゲノム編集のような技術は極めて簡便であるが、それによりどのような生物が将に創造されるのか全く不明なのである。何れにしても、高等動物のクローン、クローン人間、遺伝子の組み換えがなされた人造人間、複数の動物が組み合わさった新たな動物の実現等が可能になってくるのである。確かに植物の世界では、古くから人工交配による種々の品種が造られ、最近では遺伝子組み換え手法も一部取り入れられている。しかし、このような生命操作は、生物の自然選択による進化を破壊し、人間選択による生物界の破滅と現在のホモ・サピエンスの滅亡に繋がるものであることに留意しなければならない。

二　生の基本機構

生物が物質と異なるのは生きる機能を有するところにあるといえる。そこで、広義の生きる構図を示すために生きる機構について考察する。尚、生きる機能とは第一には生命のことになる。上述したように、物質は下層から上層へ、素粒子―原子核―原子―分子―粗視的物質、云々という様に階層構造を成している。生物は死んでしまえば高分子の有機物という物質に過ぎない。更に、生物はこの高分子有機物から成るある構造体といえる。また、生物のあるものは環境の温度が低下すると、構造体の活動を停止し物質と同じ状態になるが、環境条件が元に戻れば、活動を再開し生きている状態になる。これ等のことから、生物は高分子から成る構造体であると共に、ある生命を宿す機構を備えていると考えなければならない。そこで、その機構の淵源として、生における相互作用についてもとり上げる。

1　生の構造体

上述したように、生物は有機物である生体高分子から成る細胞によって構成されている。そして生物の同種個体は群れることにより集団社会というものを形成し、更に、異種生物群は生態系なるものを造り上げる。図2はこのような生の構造体の系列図である。

(1) 単細胞

現在の地球上に生息する単細胞の生物は微生物といわれるバクテリア等の細菌あるいは古細菌、原生生物といわれるアメーバ類など数多くの種類が知られている。更に、未知の単細胞生物が地球上の例えば南極、北極あるいは深海等の極限環境に生存していると考えられている。

ここで、細菌（真正細菌）と古細菌は原核生物ともいわれ、その細胞は原核細胞と呼称される。そして、原生生物の細胞は真核細胞と呼ばれる。

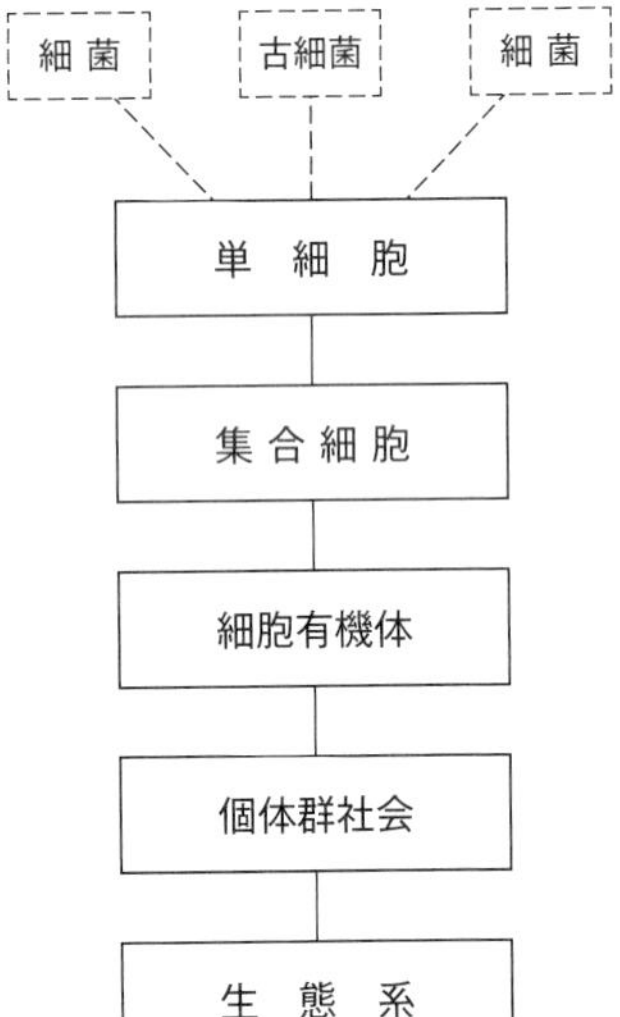

図２　生の構造体

・原核細胞の構造

この細胞は、外界から区画する細胞膜を有している。そして、細胞膜で包まれた細胞内部がコロイド状の細胞質基質によって満たされている。この基質は、水を溶媒として酵素タンパク質を分散質にするものである。このような細胞質基質に浮かぶようにして、遺伝情報伝達物質である核ＤＮＡが存在している。更に、この基質には、核ＤＮＡの他にリボソーム、脂質顆粒、プラスミド等の細胞小器官も存在している。ここで、核ＤＮＡは、細胞質基質及び細胞小器官（まとめて細胞質ともいう）にむき出しの状態にある。また、細胞小器官のうち、タンパク質を合成して物質代謝を担うリボソーム以外は余り発達していないとされている。そして、この細胞は、外界を動くための鞭毛を、細胞膜あるいはそれを覆っている細胞壁の外側に備えている。尚、原核細胞の外形は細菌の種によってさまざまであるが、その大きさは概ね一ミクロン長程度である。

・真核細胞の構造

この細胞は単細胞ではあるが、原核細胞とはその構造を大きく異にする。詳細は進化のところで後述することになるが、ＤＮＡに基づく生物系統樹の3ドメイン説では、生物は真正細菌と古細菌と真核生物の三つの系統に大きく分類される。ここで、真核生物は、例えば5界説に基づく系統樹で分類される原生生物、植物、カビやキノコ等の菌類及び動物のことになる。

上述したように、地球史の上で原核生物は四〇億年程前に出現し、真核生物は二〇億年程前に現われたことが、考古学により検証されている。そして、原生生物のような真核単細胞の生物は、例えば細胞壁のない古細菌に真正細菌が合体することを通して発生したとする考えが確実視されるようになってきている。図3の模式図で示すように、例えばアルファプロテオバクテリア、シアノバクテリアのような真正細菌が古細菌の細胞内に入り込んで共生しながら、原生生物の単細胞へと進化していったものと考えられている。ここでアルファプロテオバクテリアはミトコンドリアに、シアノバクテリアは葉緑体となっていくのである。

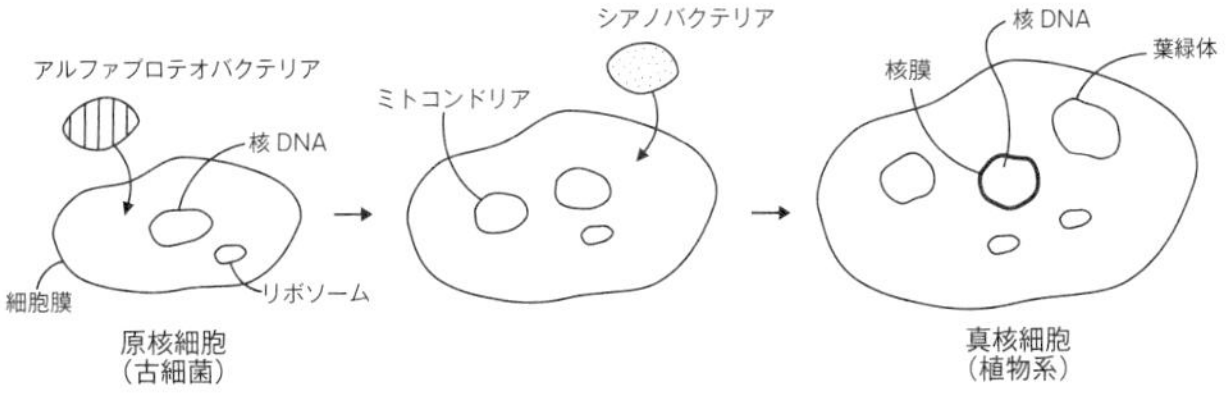

図３　真核細胞の形成モデル

斯くして、真核細胞の大きさは原核細胞の十倍以上の一〇ミクロンから数一〇ミクロン長の寸法をもってくる。ここで、細胞の基本構成は原核細胞の場合と同じであり、細胞質基質及び細胞小器官から成る細胞質、核ＤＮＡ、細胞膜等を備えている。但し、核ＤＮＡは核膜によって保護され、原核細胞のように細胞質にむき出しになっていない。また、数多く存在する細胞小器官もそれぞれの膜によって仕切られ、高度に分業化している。細胞小器官には、エネルギー代謝をするミトコンドリア、上述したリボソームの他に小包体、ゴルジ体、細胞骨格などがある。ここで小胞体は細胞外へ分泌されるタンパク質などを合成し、ゴルジ体は分泌性タンパク質をまとめて輸送し細胞外へ分泌する。また、細胞骨格は原形質流動といわれるように細胞内の細胞小器官等を動かし、細胞分裂で染色体を動かし、鞭毛や繊毛の構成要素になり細胞運動を司っている。

尚、光合成をする葉緑体は、ミドリムシや緑藻類の原生生物の細胞及び植物細胞に含まれる特有の細胞小器官である。

(2) 集合細胞

5界説に基づく系統樹では、生物は、原核生物、原生生物、植物、菌類、動物に分類されている。そして、一般に原核生物と原生生物は単細胞生物であり、他は多細胞生物であるとされる。しかし、生物界は多様性に満ちており種々の細胞の形態をもっている。

・細胞群体の構造

個体を成す細胞がいくつか凝集して群体になっているものである。ここで、これ等の細胞は、上述したような単細胞が分裂し、それが分離しないで集合しているものである。そして、細胞間は分泌物等で連絡されており、細胞群体は恰も一つの生物個体の態を成している。例えば原生生物である緑藻類や鞭毛虫はその一部が細胞群体を形成する。また、緑藻の一種であるボルボックス、細胞性粘菌は、群体内で分化がみられ、前者では生殖細胞及び光合成する栄養細胞に、後者では胞子細胞と柄細胞にそれぞれ分化している。このような分化のある細胞群体の生物は、多細胞生物の原形であるとも考えられる。但し、細胞群体の各細胞は一個体としても生命活動をする。この点が多細胞生物と大きく異なる。

・多細胞の構造

地球史において、多細胞生物は一〇億年程前に出現したとされる。多細胞は、単細胞から分裂した細胞が分離しないで凝集したものであり、凝集した細胞の間には原形質の連絡が存在する。ここで、原形質は各細胞における核ＤＮＡである細胞核と上述した細胞質のことである。そして、植物、菌類及び動物は多細胞から成り、しかもその部位によって異種の細胞集団で構成されて高度に分化している。即ち、個体を形成する器官が特化した体細胞あるいは体性幹細胞の細胞分裂により形成されている。但し、例えば海綿動物のように器官の分化がみられない生物も存在している。また、原生生物あるいは原核生物において、例えば藻類のアオミドロ等あるいはネンジュモ等は糸状体の多細胞をもっていることが知られている。更に、粘菌のある種では、その生活環の中で通常は単細胞で生活し、生殖期になると多細胞になる例も知られている。更に例外的なものとして、例えば変形菌と呼ばれる真正粘菌変形体は、下等菌類の一群に属するが、子実体（胞子嚢）を生じ、発芽した多数の胞子が癒合することで形成される。この癒合体は、多数の核ＤＮＡと細胞質から成る原形質により構成され、原形質流動が大きく、巨大な単細胞のアメーバ運動で知られている。

(3)　細胞有機体

上述したように、地球史においてはスノーボールアース後、生物はいわゆる適応放散によってカンブリア爆発し多様化したといわれる。そして、現在の多細胞生物では、細胞を分化させた種々の器官から成る個体に進化した高等生物が多数生存している。このような生物はそれぞれの機能をもつ器官を統合し細胞有機体として生きている。その最も高等なものとされているのがヒト即ち人間である。

人間の身体は、頭から手足の末端まで、各器官が多細胞から成り、しかも器官間の細胞が異なったものになっている。例えば脳、目鼻耳等の各種感覚器官、心臓、肺、胃等の多くの内臓器官そして食物を摂取する口、排泄物を体外に出す排泄器及び子孫を残す生殖器等は、それぞれ異なる体細胞あるいは体性幹細胞の細胞分裂によって形成されたものである。斯くなる身体において、これ等の器官はそれぞれ特有の機能を持って活動している。しかし、それ等は個々に独立して動いているものではなく、相互に有機的な連携を有しているのである。そこで、人間の脳や神経網、血管あるいは分泌腺がさまざまな器官を結びつけている。このようにして、人間の身体は、一種の細胞有機体として、個体特有の機能を発現できるのである。人間の細胞有機体に近いのは、その他の哺乳類、鳥類、爬虫類、両生類及び魚類等である。その他、多細胞生物はそれぞれ固有の細胞有機体を成して生きている。

ここで、神経系は特に生物がその内外からの刺激情報を伝達し、細胞有機体の生体機能を調整するものである。人間のような脊椎動物では、脳、脊髄などの中枢神経と、その他の末梢神経が身体に張り巡らされ、その器官あるいは各部位の働きが神経伝達物質によって連結、統御されていることはよく知られている。このような集中神経系は下等動物であるゴカイのような環形動物、あるいはプラナリアのような扁形動物にも備わっている。そして、ヒドラやクラゲのような刺胞動物にあっても、神経系の原型とされる散在神経の分布により、刺激反応ができるようになっている。尚、神経機能である興奮の伝達は、物質の圧電現象のように、機械的刺激が生物の膜に電位を生じさせることによってもなされる。例えば、原生動物であるゾウリムシは約三五〇〇本の繊毛をこの神経機能によって統御して、調和のとれた逃避反応をするとされている。

上述した動物の備えているのと同じ神経系が植物にあるかどうかは定かでない。しかし、刺激反応をする植物種は多い。例えば、昆虫等の動物を捕獲する食虫植物、接触すると葉及び葉柄が収縮するオジギソウ、葉が食べられる音に反応し除虫効果のある分泌物を出すといわれるシロイヌナズナ等その種類は枚挙に暇がない。このような植物は、その個体に情報伝達の機構を備え、それによって生体機能を調整していると考えられる。この情報伝達及び情報処理等の仕組みは、これから徐々に経験科学の中で解明されていくことであろう。因みに、多くの植物が近親交配を防ぐために有する「自家不和合性」と呼ばれる仕組みの一部が解明されている。それによると、動物の神経系で使われているアミノ酸の一種であるグルタミン酸受容体、カルシウムイオンといった分子が植物の情報伝達系でも利用されているとのことである。今後は、動物界、植物界に限らず菌界にあっても、類似の情報伝達と処理の機構の存在することが明らかになってくるであろう。

更には、血管、分泌腺等の体液が循環する循環器系は、細胞有機体の器官あるいは各部位に張り巡らされ、必要な物質の供給と老廃物の排泄を通して、動物の生理機能を統御し円滑なものにしている。但し、扁形動物や刺胞動物のような下等動物は、この循環器系の無い種が多くなるといわれる。これに対して、陸上植物は循環器系に相当する循環系を殆どの種が備えている。それは、根、茎及び葉脈に設けられている道管及び師管といわれる。道管は根から吸い上げた水分及び栄養分の通路であり、師管は葉緑体の光合成で作った糖類等の養分を種子、生長している部位あるいは貯蔵箇所の根等に送る通路になっている。多細胞の菌類も陸上植物と似たような循環系の仕組みを備えているのであろう。

(4)　個体群社会

生物の個体は、一般的には単細胞あるいは多細胞により成り立っていると考えられている。ここで、現在知られている単細胞は上述したような構造体であるが、未知の極限環境では起源生物に近い原始細胞が存在するのかもしれない。また、多細胞は上述したように細胞群体を含む集合細胞として考えてもよい。

何れにしても、この個体は自然界にあって孤立して生きることをしない。略例外なく生物は同種の群れを成して生活していると考えてよいであろう。例えば、原核生物であり、藍藻の一種であるミクロキスティスは、単細胞の個体であるが、アオコと呼ばれるように多数の群体を成して生きている。また、原生生物である繊毛虫は単細胞の個体を成すが、その一部が群体として生活していることが知られる。更に、多細胞のような集合細胞の個体、例えば植物、菌類あるいは動物であっても、それぞれ同種の集団になって生きている。

身近かな植物についてみると、きく科の多年生植物であるヨモギやタンポポは、野原に自生し、それぞれに群生している。また、野山では落葉樹のブナの木の原生林が広がっている。そして、高い山々であっても種々の高山植物が群生している。特に環境の厳しい岩や砂礫地にわずかの個体群で生息するコマクサやハイマツは、植物の群による生存力の強さを示している。

菌類であるカビ、酵母等は陽の光が差し込まない暗闇であっても生息し、強い繁殖力を有する。また、キノコは通常は植物の遺骸に生育したり、樹木の根、幹などに寄生あるいは共生等をして生きている。

動物にあっては、人間を含む哺乳類、鳥類、魚類、昆虫等あらゆる種がそれぞれの個体群を形成して生きている。また、各種は成体になる過程で異なる形態を持つ、いわゆる生活環の中で変化するが、同過程にある個体同士で群れを作る。例えば、魚類では稚魚同志の個体群が形成される。昆虫の生活環は、幼虫、さなぎ、成虫へとその環境及び個体の姿が大きく変わっている。この場合も生活環の時期で異なった個体群が発生している。

このように同種の生物は、ある環境地域にあって群生し、個体間で何らかの結びつきをもつ個体群社会を作っていて、その中で生きている。この結びつきは生物種によって異なるところがあるのであろうが、種の生存の確率を高くするところは共通しているものと考えられる。例えば、繁殖において、その環境によりよく適応できる遺伝子を残り易くする。食物連鎖において、生物種の強い個体を残り易くする。この見方は、生物が環境という外界に開かれて開放系の存在であることを強調している。他方、生物はその本性として際限のない増殖力を有しているのではないだろうか。増殖は細胞の複製によっていることを考えると、細胞の自己複製こそが生物の本質に繋がるのかもしれない。そのために、生物は存続する限りその個体数を増加させるように働く。個体群社会は、生物種の増加圧力によって形成されるものと考えることもできる。この場合、生物種の開放系としての見方は弱められる。この見方に立つと、個体間の結びつきは閉鎖性の強いものとなり、環境との相互作用のない孤立系の存在に近づく。

また、生物には異種の群れを成し共存して生活する種も多数存在している。その身近な例は、人間と犬あるいは人間と猫であろう。犬は元々はオオカミであり、ある種のオオカミと現生人類の祖先が生活を共にするようになった。その時期は、遺跡などから後期旧石器時代でクロマニヨン人出現以後と考えられている。人間と猫との関係は、農耕牧畜が始まる新石器時代になって以後である。

そして生物の共生は、異種集団による個体群社会を形成することになる。この共生関係は、その他にアリとアブラムシ、イソギンチャクとヤドカリ、ハゼとエビ等動物間でもよく知られている。また、花粉を運ぶ昆虫と植物の間も共生関係が存在している。更に、菌類であるカビと藻類が群体となって共生している地衣類が知られている。そして、微生物である細菌は、動物や植物の中に善玉菌として共生している。例えば、人間の消化器系統であっても約千種類程の細菌が四〇兆以上生息し、食物の消化や悪玉菌の駆除を行っているとされている。

その他、生物は寄生、競合、天敵等と種々の関係で結びついているのである。

(5) 生態系

生物をリンネ式の階層分類体系で分類すると、例えば人間は、真核生物（ドメイン）、動物界、脊索動物（門）、哺乳（綱）霊長（目）、ヒト（科）、ヒト（属）、ヒト（種）のように表わされる。生物は、動物のほとんどの門が出揃ったとされるカンブリア爆発による多様化後の約五億三千万年前から、古生代、中生代に少なくとも五度の大量絶滅をしたことが考古学上知られている。そして、生物の科の数は新生代に入って単調に増加している。人類の進化でみると、千四百万年前頃にヒト科がヒト亜科とオランウータン亜科に分岐し、その後七百万程前にチンパンジーとの共通祖先から分化して猿人から原人そして現在の人間につながる新人が出現したとされる。この間に、多くのヒト属（ホモ属）が絶滅し、新しく誕生している。人類以外の生物も同様であり、現在でも絶滅危惧種に挙げられている生物は数多い。

このように生物種は、地球史の中で栄枯盛衰を繰り返しているが、その時代と共に種々の地球環境でいろいろの生態系を作ってきたものと考えられる。その中で、生物は進化してきたのであろう。

以下、現存の生物でみられる生態系について一般論を述べることにする。生態系とは一九三五年英国の生態学者A・G・タンズリーによって提唱されたもので、ある地域に生息する全ての生物と取り巻く環境とを一つの機能系とみなしたものである。ここでも、異種個体群の間の繋がりあるいは結びつきが考察されることになる。

例えば生物を取り巻く環境が草原や森林のある陸地であるとする。ここで、生態系の構成要素は、太陽エネルギー、大気、水、動植物、微生物、土である。植物は、太陽エネルギーを用い大気中の二酸化炭素と水による光合成から糖類等の有機物及び酸素を生産する。動物は、植物が作った有機物を直接的あるいは間接的に食べて、その排泄物や死骸から成る高分子有機物を土に供給することになる。また、動物は大気中の酸素を消費し、二酸化炭素を生産する。尚、複数の動物間あるいは動植物間には食物連鎖が存在している。そして、動物の排泄物や死骸、植物の死骸は、土の中の細菌等の微生物により分解されて、植物の栄養素となる無機物に還元される。

このように、生態系の考え方の特徴は、自然界に生存する生物群をその環境との閉鎖系の中で理解しようとするところにある。ここでは、当然に上述したような個体群社会における共存の有り方も組み込んで考える必要がある。そして、この生態系が自律的に保持されることを説明するためには、生物群の種間すなわち個体群社会の間における新たな関係あるいは結びつきの想定が必要になる。それが、食物連鎖における緊張／調節関係である。即ち、大雑把に植物―草食動物―小型肉食動物―大型肉食動物の食物連鎖を考えると、その捕食側と被捕食側の間の関係にあって、捕食側の増加は直ちに被捕食側の減少を来たし、この減少が捕食側に跳ね返り、その増加が抑制される。逆に、被捕食側の増加は直ちに捕食側の増加をよび、この増加が被捕食側に跳ね返り、その増加が抑制されることになる。このような関係が食物連鎖の動的安定性を創り出しているといえる。そして、捕食側と被捕食側とのつり合い関係が破綻すると、その生態系は消滅することになる。

また、生態系の自律的持続には、個体群社会の間の競合関係及び棲み分け関係が有効に働いていると考えられる。何故なら食物連鎖において、異種の生物であって捕食及び被捕食の関係にならない同レベルの個体群社会は、生態系に存在するからである。この個体群社会の関係は、例えば草原のライオンとハイエナのように、捕食側にあって被捕食側を取り合う競合であり、被捕食側を別種に選ぶ棲み分けである。これ等は、全生物が、食物連鎖において生の無汰を生じさせないように機能していることを、如実に示すことがらになっている。

地球上においては多くの生態系がみられ、それ等は環境に合わせた種々の形態をもっている。上記草原や森林の他に、海洋、湖沼、河川、砂漠、極地などが代表的なところになっている。そして、海洋や湖沼では魚類、貝類あるいはサンゴ、ウニ等、陸地とは全く異なる生物群によって生態系が構成されることになる。しかし、生態系の構成要素が異なっても、生態系の上述した機能性と自律性は基本的に同じである。ところで、現生人類は他の生物と異なり、地球上の種々の生態系の構成要素になり、しかもそれ等生態系の食物連鎖の最上位に存在するようになってきている。更に、人間の個体数は七〇億以上になってきており、人間という生物はその数の多さからすると、生態系の最上位者に相応しくない。逆に、人間は生態系破壊の可能性を現在高めており、細心の留意を払わなければならない。地球史の中で幾度となく生態系は壊れて変化してきたものであろうが、人為により生態系を変えることは許されないことである。

2　生の作用

生物は上述した種々の生の構造体をもっている。ここで、その構造体で生きるためには、生きる機能がそれ等の構造体に備わっているはずである。その一つが上述した生命である。生物がもつ生きる機能としては、その他に種々のことが挙げられる。例えば物質またはエネルギー代謝、増殖、遺伝、変異、進化などである。ここで、地球史の中で生物が示してきた変異や進化は、カンブリア紀の適応放散と呼称したように、生物のもつ適応機能の現われであるということができる。このような生きる機能は非生命体である物質にはみられない。〔A〕章物質で説明した適合性は、物質が受ける環境からの条件に合わせて、物質自体が受動的に変化することである。これに対して、適応機能は、生物が環境に作用し、また環境からの作用に反応し、能動的に変容することであり、物質のもつ適合性とは異なるものである。

このような生きる機能は、生の構造体に存在する特有の作用によって惹き起こされると考える。それが構造体の構成要素間で創発される生の作用である。以下、図4に示すような生の作用について説明していく。

・生命作用

生物は、物質が化学進化、分子進化をした後に、生命進化によって誕生したものと考えることができる。この生命進化をもたらしたものが生命作用なのである。

地球に海洋が形成された後、今から四〇億年程前に起源生物が誕生したとされる。起源生物とは、現存する真正細菌、古細菌及び真核生物の共通祖先である。しかし、現在の考古学及び生命科学では、共通祖先を更に遡る生命体を考えることもできる。それは、分子進化を経て形成された高分子有機化合物のフラグメント（断片）が凝集したものである。高分子有化機物として、核酸といわれるDNAあるいはRNAのような生体高分子がある。更には非核酸である高分子が考えられる。少なくとも、この二種類の核酸と非核酸のそれぞれが主体となり、擬タンパク質の膜により区画された構造体内に凝集して、生命を発現させたと考えられる。この生命の発現が物質から生命への進化すなわち上述した生命進化である。

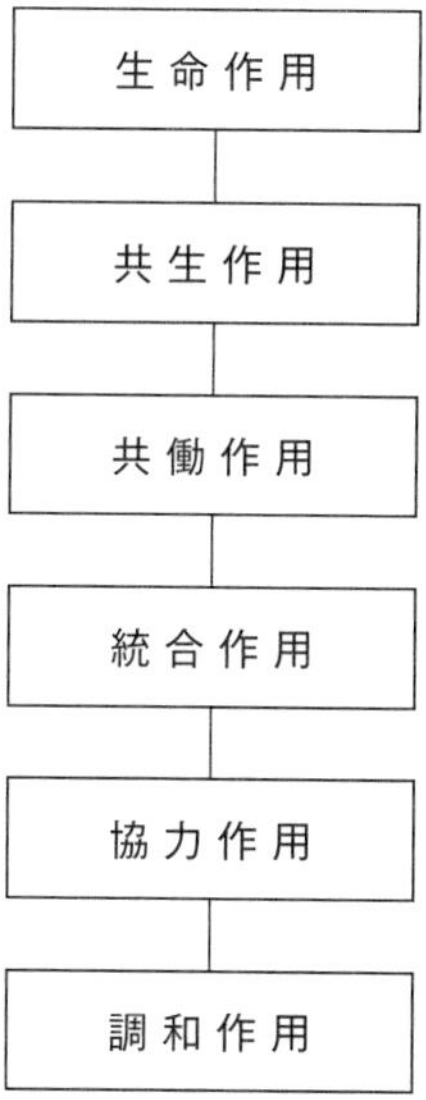

図４　生の作用

生命とは少なくとも有機物質を合成することができる機能のことである。この機能が上記構造体の構成要素により創発された生命作用から発現したのである。ここで、凝集した構成要素は、核酸あるいは非核酸、そして高分子有機化合物の膜と構造体内を満たす基質から少なくとも成る。基質は海洋の塩水が主成分であり、アミノ酸、低分子有機化合物を含む溶液である。そして原始海洋の高温・高圧環境の中で、構成要素は、少なくとも三要素以上の間の物理・化学的相互作用を複合的に、激しい熱運動の中で行ったのであろう。その中で、RNAによる転写のように低分子有機化合物から例えばタンパク質のような高分子有機化合物を合成する機能が誘発された。それが生命作用である。

この生命作用で誕生した生命体は少なくとも三種類のものがあった。しかし、その中でDNAという生体高分子をもった生命体のみが原始海洋の極限環境を生き延びた。そして、DNAをもつ生命体は上述した起源生物へと繋がっていったのであろう。現在、この起源生物はその化石も含めて見つかっていない。上記原核生物及び真核生物から考えて、それは少なくとも核DNAを有すると共に、リボソームのように高分子有機物質を合成する小器官を備えていた。このような構造体が原始細胞である。

・共生作用

生命の発現すなわち合成の機能を獲得して構造体は原始細胞へと進化していった。そして、原始細胞は図2で説明した原核細胞から真核細胞へと進化した。更にこれ等の単細胞は多細胞のような集合細胞へと発展していく。この一連の進化は細胞進化といわれる。共生作用は、この細胞進化の中で創発された生の作用の一つであると考えることができる。

その判り易い例は、真核細胞への進化の過程で生起したとされている共生作用である。上述したように、原核生物は四〇億年程前に出現し、核DNAとリボソームを主体とした簡素な細胞質の原核細胞をもつ。これに対して、真核細胞をもつ原生生物は、原核生物の出現後、約二〇億年経って出現している。しかも、その真核細胞は多くの細胞小器官から成る細胞質をもっている。そして、例えばミトコンドリアや葉緑体等の細胞小器官は、核ＤＮＡとは別の独自のＤＮＡをもっているが、細胞内での独自ＤＮＡの働きは核ＤＮＡによって抑制されたものになっている。これ等のことから、真核細胞は、図3に示したように複数の原核細胞の凝集により誕生したと考えられるようになった。太古に、例えば、アルファプロテオバクテリアやシアノバクテリアのような単細胞の真正細菌が古細菌に入り込んだ後の長い年月をかけた共生作用を通して、その原核細胞は真核細胞へと進化していった。そして、原生生物が出現することになったと考えられる。

　ある細菌が他の細菌内に侵入するのに似た例は、現在でも頻繁にみられることである。それは、種々のウィルスが生物の細胞に入り込んで寄生する現象である。この場合には、そのウィルスの宿主になった生物は、病気等の損傷を蒙り、最悪では死に至る。このウィルスの構造体は、核酸とそれを保護するタンパク質の殻を基本構造とした簡素なものである。太古の原核細胞は、その細胞膜や細胞壁が未発達であり、他細胞への侵入等による複数細胞の凝集を惹き起こし易かったのであろう。そして、合体した複合構造の細胞は、共存の期間を経て、それにより凝集した構成要素すなわち複数の核ＤＮＡ、複数のリボソーム、その他の複数の細胞小器官により創発された共生作用を受ける。ここで、共生作用とは、凝集した複数細胞のそれぞれの独自機能が適度に維持され、それ等の複合構造体に新しい機能を発現するものである。上記ウィルスの場合では、ウィルスは一方的に宿主の機能を停止させるが、共生作用が働いた複合構造体では、凝集した複数細胞はそれ等の機能を停止することなく共生することになる。

このように共生して成る複合構造体は、長い共生期間を経て、その構成要素の機能を分化させていった。これによって、複合構造体は真核細胞へと変化した。ここでは、その構成要素はそれぞれの膜によって保護されることになる。例えば核ＤＮＡは核膜により、ミトコンドリア、葉緑体のような細胞小器官はそれぞれの膜により、それぞれ細胞質基質から仕切られ保護される。尚、これ等の細胞小器官にはそれぞれのＤＮＡ及びリボソームが残存することになる。

・共働作用

この真核細胞は、例えば原生生物界、植物界、菌界及び動物界の種々の生物を創り出していくが、それぞれの生物に即して、真核細胞の構成要素間に共働作用を創発している。生物の進化は細胞進化を伴なう。そして、細胞構成要素の細胞小器官は、機能分化して、その分業化を高めていく。例えば、動物細胞では、真核細胞の構造で述べた細胞小器官の他に、リソソーム、ペルオキシソーム、中心体、細胞膜等の多くの構成要素が精巧にそれぞれの活動をしている。しかも、これ等の活動は構成要素間の連携の下に行われている。これが可能になっているのは、上記細胞要素間に創発された共働作用によるのである。

それではこの共働作用はどのようにして創発されるのであろうか。

物理、化学法則により、物質は相互作用をすると共に、空間の中を運動をする。ここで相互作用には、上述したように基本的相互作用と共に、複合した二次的相互作用がある。そして、物質は凝集する。高分子有機化合物なる有機物質もこの物理・化学法則の規制を受ける。更に、高分子特有の化学反応の指向性、異方性、特異性あるいは不可逆性が現れる。上述した生命作用は、凝集した三要素以上の有機物質の間で複合的な物理・化学的な相互作用が閉じた構造体の中で起こり、創発されたものとした。また、共生作用は、凝集した複数の細菌から成る複合構造体において、生命作用で説明したのと同様な物理・化学的な相互作用が主に働き、創発されたものであろう。その上で更に、複合構造体の構成要素間で、それ等の機能を調節する内分泌物質が分泌されたのであろう。これによって、例えば複数のＤＮＡの遺伝子としての働きは、一個の核ＤＮＡに譲渡されて、集約されていった。同様にして、複数の同じような機能をもっていた構成要素は選択と集約を受けていった。このようにして、構成要素である細胞小器官の明確な機能分化がなされた。

共働作用は正に、共生作用で述べたような内分泌物質の分泌を通して、細胞内の構成要素である核ＤＮＡ、種々の細胞小器官及び細胞膜間を連携することによって、創発されていると考えられるのである。この場合には、物理・化学的な高分子有機化合物間の相互作用は、小さな役割しかもっていないとしてよいであろう。主に上記内分泌物質が情報伝達物質になり、その交換によって、細胞内は連携していると考えられるのである。

・統合作用

上述したような細胞群体あるいは多細胞の集合細胞は、部位により異なる機能をもつようになる。そして、そのような機能に分化した細胞を複数備えた細胞有機体では、細胞間において、相互に有機的な連携が必須になる。この有機的な連携は、複数の細胞間あるいは器官間に創発された総合作用によって可能になると考える。

統合作用は、細胞有機体に備えられている神経系、循環系等を介して創発される。動物では、ヒドラのような下等動物であっても神経伝達物質が散在神経系を通って交換され、分化した細胞間に統合作用を創発する。更に人間のような高等動物では、神経系は、脳や脊髄を含む中央神経系と個体のあらゆる部位に連結する末梢神経系から成る集中神経系に進化している。そして、個体の各部位あるいは細胞間における神経伝達物質の交換は、下等動物と同様な生理的な統合作用の上に、心理的な統合作用を創り出す。この心理的及び生理的な統合作用は、高等動物で表出される意識に連関する。

動物における生理的統合作用は、循環器系の特に血管中の血液を介することで創発されている。血液は個体の各部位あるいは細胞を通り、酸素及び養分を供給すると共に、老廃物を腎臓へと運び出し排泄する。ここで、血液中には各部位から情報伝達物質である内分泌物質が出され、それ等の生理的状態を示すシグナルとなる。これによっても統合作用が創発され、各部位たとえば心臓、胃、腸、肝臓等の諸器官に生理的連携が生じる。この連携は神経系による繋がりにもはね返ってくるものである。

一方植物では、神経系の存在は明らかにされていないが、上述したように情報伝達系による統合作用は創発されているとみてよい。そして、上述した道管や師管といわれる循環系を通しても、内分泌物質の伝達がなされていると考えることができる。

・協力作用

生物は高分子有機物の凝集したものである。そして、個体も凝集して群れを成す。この個体群は一般的に閉鎖系の社会を創り出し、その構成要素すなわち各個体間の連係を構築する。この連係は、その社会に創発された広義の協力作用によって生じる。生物は、各種の自らの生存欲を有すると共に、その始源であり共有心である生の存続を刻み込まれている。そのため、同種生物及び異種生物は、種々の態様をとって共存しようとする。即ち、食物連鎖の関係、競合の関係、寄生の関係、共生の関係等が生物の集団間あるいは個体間で生じるのである。このような関係を創っているのが協力作用である。この協力作用は、結局は上述した共生、共働、統合の生の作用の要因となった内分泌物質が社会の構成要素間で交換されること、あるいは構成要素の運動即ち個体の行動によって創発されるのである。ここで、生体の内分泌物質は有機化合物の情報伝達物質であり、全生物たとえば5界説による原核生物界、原生生物界、植物界、菌界、動物界において生体内と共に生体の外にも放出されて、他の個体にも伝達される。あるいは、その物質は光、音、臭等に変換されて外部に伝達される。

・調和作用

生物は群れをなし、地球史の中で環境進化しながら生態系を創り上げてきた。この生態系には種々の個体群社会がその構成要素として存在し、それ等の機能が自律的に連携するように働いている。これも結局は生物の生の存続を図るための生物の凝集の形態である。そして、この連携は、生態系に創発された調和作用によって生じると考えられるのである。

調和作用は、生態系の構成要素である個体群社会の間で創発される。この場合も個体群社会から放出される生体の分泌物質が、上述した5界のそれぞれの生物から成る個体群の間において、臭などの刺激シグナルとなって伝達される。あるいは生命体のもつ感覚器官を介する情報交換がなされる。このような種々の情報伝達を通して調和作用は創発される。しかし、この調和作用は静的に安定したものにはならない。生態系は自然界の環境もその構成要素であり、環境変化によって個体群社会の動的な変動を受ける。また、個体群は極めて利己的であり、その生存力を種により異にし、個体群社会によってはその規模を大きく揺動させることがある。これ等のことから、生態系における調和作用は動的なものであり攪乱を受け易いのである。そして、生態系はその構成要素の変化に敏感であり、復元力が小さいと壊れ易いものである。

三　生物の基本的機能

生物は生命等種々の生きる機能を有しているが、生物たらしめているのは上述したところの物質代謝、自己複製及び環境に対する適応機能である。これ等を生物の基本的機能として以下に考察する。

1　物質代謝

上述した如くに、宇宙における物質の進化は物理・化学の法則に従って、物質の構成要素が凝集する姿態の中で展開した。そして、地球上に生きている生物は、生命進化により物質から誕生したものとなった。ここで、生命進化は、物質である高分子有機化合物の複数のフラグメントが凝集し、このフラグメント間に創発された生命作用という相互作用を通して発現したのである。即ち、タンパク質などの高分子有機物質を合成する機能が発現したのである。これこそが現存する生物がもつ物質代謝の起源であろう。尚、物質から生命進化したこの生命体は、現存する原核生物及び真核生物の共通祖先とされる起源生物に繋がっていったと考えれる。但し、この起源生物及び生命体は経験科学で実証されたものではなく、あくまで思弁に基づくものである。

(1) 好気性生物

現在、5界説に基づく系統樹における原核生物界、原生生物界、植物界、菌界、動物界の生物は、それぞれ生存に必要なタンパク質、核酸、脂質、糖質などの生体高分子を細胞の中で合成している。これが物質代謝である。このような物質の合成では、例えばアミノ酸、ブドウ糖のような有機物が合成材料になる。ここで、地球上の酸素を効果的に利用するのが好気性生物である。無機物から有機物を生成できる生物として、葉緑体を細胞内に有する植物、あるいは藻類等の原生生物が挙げられる。これ等は、いわゆる光合成によって水と二酸化炭素から糖類等の有機物を生合成することができる。また、葉緑体になったとされるシアノバクテリアは、原核生物として現存しており、光合成を行うと共に窒素固定し窒素化合物を生成することもできる。

一方、無機物から有機物を生成することができない生物は、他の生物を食物にして消化し、自己の生体に必要な有機物として摂取しなければならない。即ち、食物連鎖が必須になる。草食動物は植物を食し、肉食動物は草食動物等の他の動物を捕食する。下等動物と原生生物の間、原生生物と原核生物の間にも捕食と被捕食の関係が存在している。更に、5界の生物間では多くの形態をもった寄生あるいは共生の関係があり、それぞれの生体成分である有機物が生合成されているのである。

また、生物はその死骸や排泄物を再利用して必要な有機物を確保している。特に原核生物や原生生物などの微生物は、動植物の個体内を含む多様な環境下で生息し、物質と化した生体高分子を分解し、他の生体成分を生合成している。あるいは、そのような微生物の一部は分解を通して、有機物を無機物に還元し二酸化炭素、窒素、水、リン等の植物にとっての栄養素を作り出す。尚、5界生物に於けるキノコ、カビ、酵母菌等の菌類も動植物を再利用する部類に入る。

(2) 嫌気性生物

現在の地球上の生物にあって、植物界、菌界及び動物界の多細胞生物に進化したのは殆どが好気性生物である。ところが、原核生物界及び原生生物界には嫌気性生物といわれる微生物が数多く生息している。約三二億年前に出現したとされるシアノバクテリアが、その光合成で酸素を生成し続けて地球上を酸素雰囲気に改変した。そのために、二〇億年程前に大気中の酸素が増加し、地球初期の生物である原核生物は大量絶滅したとされている。しかし、嫌気性生物であって無機物から有機物を生成する原核生物は生存し続けている。例えば古細菌の一群であるメタン菌は動物の反すう胃や土中などに生息する。この部類の微生物は、光合成系の生物とは異なった物質合成をしている。この場合には、水素と二酸化炭素の反応により炭酸等の有機物とメタンが生成される。即ち、メタン菌の細胞内で炭素固定が行なわれ、メタンが外部に放出される。また、このメタン菌は窒素固定をして窒素化合物を生成することもできる。このようにして、無機物から生体成分が生合成される。地球上に四〇億年程前に誕生したのはこのような細菌であり、シアノバクテリアの出現がなければ、地球はメタン雰囲気の環境になっていたかもしれない。この場合には、太陽からの紫外線のような有害光線を遮断できるオゾン層などのバリア層は形成されない。そのために、少なくとも陸上に進出した多細胞生物の進化はなく、生物の多様性は起こらなかったであろう。生物の骨格を成すＤＮＡは、太陽からの紫外線のような短波長光線によって損傷を受け、容易に死滅してしまうからである。尚、真正細菌の一群である水素酸化菌であっても、炭素固定をすることはよく知られている。

2　自己複製

生物は全て細胞からできている。そして、この細胞は上述したように物質代謝を行い、生体高分子を作り出す。この生体高分子は細胞の素材であり、細胞の修復に使われる。更に細胞はこの生体高分子を用いて、同じ新たな細胞を産み出すことができる。これが自己複製である。

生物におけるこの自己複製は、自己を増殖し生存させるための機能になっている。ここで、生存させるためという目的の概念を入れたが、この概念は人間の意識から出たものに過ぎない。細胞の自己複製は、二節の生きる機構で考察した生の作用における創発が淵源になっており、生物に目的はない。

(1)　複製の形態

この自己複製の形態には、大別してみると、細胞あるいは個体の増殖と細胞の再生とが考えられる。前者には、例えば体細胞から単に同じ複数の細胞に増やす現象と、例えば幹細胞から個体を造り上げることになる生殖の現象がある。後者は、生存している生物個体が細胞を常時リニューアルしている、いわゆる個体の動的平衡のために必要な細胞を再生させる現象である。何れにしても、これ等の現象は細胞の分裂や発芽などによって起こってくるのである。尚、細胞の発芽とは例えば胞子にみられ、シダやコケ等の植物、菌類、一部原生生物において生じる。

生物には単細胞生物と多細胞生物が存在している。そして、個々の細胞は分裂あるいは発芽により複製する。以下、細胞分裂と発芽について述べる。細胞分裂によって、一個の細胞が二個に分かれる。減数分裂する生殖細胞形成でない体細胞の分裂では、核ＤＮＡの増加が必要になる。そこで、細胞がもつ機能である物質代謝を通して、核酸が合成されて核ＤＮＡは倍加する。それと共に核膜は崩壊して染色体の分配を通し、細胞核の分裂を惹き起こす。続いて、細胞内の細胞小器官及び細胞質基質が順次に分裂していく。そして、分裂して形成された母細胞と娘細胞は細胞膜によって完全に二分される。ここでも、娘細胞になる新しい細胞質や細胞膜は、上述した物質代謝により合成されるのである。これが細胞分裂である。一方、胞子のような細胞の発芽では、細胞膜の外側に強固な細胞壁があり、核DNAが分裂した後に、細胞膜及び細胞壁の一部が突起状に膨らみ始める。そして、それが大きくなり娘細胞となる突起領域に、二分された核DNAの娘核が移動する。同様に、他の細胞質も分裂し移動し、最終的には突起領域がちぎれるように分離して娘細胞が形成される。

(2) 複製の淵源

このような細胞の分裂や発芽等を通した自己複製は、細胞のもつ物質代謝による核酸、タンパク質、脂質、糖質等の生体高分子を合成する機能に依拠している。そして、この物質代謝は、生の作用である生命作用により発現したものである。また、この発現した物質代謝の能力は必要以上に大きかったのであろう。即ち、上述したような起源生物に繋がった原始細胞は、自己の生存を確実なものにするために、自己複製を充分に可能とする物質代謝の能力を獲得したと考えられるのである。

更に、上述した細胞進化にあって、共生作用と共働作用を通して、細胞の構成要素である核DNAや種々の細胞質の原形質あるいは細胞膜間の連携が精緻に働くようになっていった。そして、自己複製においても細胞の構成要素間の連携機能は高く、生物は種々の自己複製の形態を取り入れ発達させることができたものと思われる。このようにして、充分な物質代謝能力と高度な物質代謝機能を獲得した生物は、細胞の増殖が自在にできるようになり、それを本性とするようになったのではないだろうか。

3　適応機能

生物は、その環境世界あるいは自然世界の中で生存を続けようとする。ここで、環境世界及び自然世界とは、生物が関わる環境の世界であり、前者は人間を除く生物の場合に、後者は人間の場合に主に用いることにする。但し、これ等の世界は生物の種によってその有り様を異にしている。その詳細は〔C〕章で述べられる。

生物は個体になっても凝集し群れを作り、図2で説明したような個体群社会を成している。そして、各個体は、自然界を含む環境の世界に開かれて開放系の形態で生存している。そのために、生物の個体は外部環境からの影響を強く受けることになる。各生物は、その生を存続するためには、環境の世界に可能な限りに関わり、環境の変化に適応できるようにすることを必須とするのである。それが生物の適応機能であり、以下にその主要の3項目を挙げて考察する。

(1) 環境への働きかけ

生物は、上述したように物質が環境に適合する場合とは異なり、環境に対して種々の働きかけをする。その代表例を以下に挙げる。

・有機化合物の創出

生物の根源的な働きは種々の有機化合物を創り出すことである。〔A〕章二節物質の進化で述べたように、多くの化学元素は恒星の中で起こる核融合反応等で生成される。そして、恒星の活動が終わり爆発して残される星間物質の中に、例えば炭素、窒素、酸素などの化学元素から成る化合物が形成される。確かに、宇宙の暗黒星雲の中に多くの種類の有機化合物が電波観測されている。このように宇宙の中には、生物の誕生以前から有機化合物は存在していた。そして、その有機化合物から生命体は地球上に発現した。そして、この生命体が多くの種類の高分子有機化合物を合成するようになってきたのである。また、ある生命体は無機物から有機化合物を創り出すことができる。更に、生命体は多様な生物となって上述したような生の機構を成し、互いに共存する関係を造る。その中で複雑な食の連鎖関連を通し、捕食した生物は、被捕食の生物の生体高分子から別の高分子有機化合物を合成することができる。

・酸素雰囲気の創出

生物は物質の化学反応を巧みに利用する。上述した有機化合物の形成は全生物が有する最も特有な機能であろう。そして、一部の生物であるが、植物及び原生生物のうち葉緑体を有する生物とシアノバクテリアのような原核生物は、酸素ガスを生成することで、地球上の多くの場所を酸素雰囲気にしている。大気は二〇％の酸素を含んでいる。海洋、湖沼、河川等の水中には好気性生物の生存可能な酸素が溶存している。この酸素の生成は、上述した光合成すなわち細胞の同化作用によっている。地球史の上では、三二億年程前に出現したシアノバクテリアによる光合成で、二酸化炭素雰囲気の地球は、長い年月をかけて酸素雰囲気に変化してきたとされている。

現在の地球上では、酸素を効果的に利用する生物が環境に適応して大きく進化しているようにみえる。生物が活動するためにはエネルギーを必要とする。酸素を利用する生物は、有機化合物を酸素で酸化し、その反応で生じるエネルギーを有効活用できるようになっている。尚、この反応は上記光合成の逆反応すなわち細胞の異化作用により、ミトコンドリアによることがよく知られている。動物界や植物界の生物は全て多細胞生物であって、生命の階層構造では上位に進化している。

一方、酸素を嫌う生物すなわち嫌気性生物は、原核生物界に多く存在する。これ等の生物は、酸素の少ない地中や動植物の個体内に生息している。地中の微生物は動植物の死骸を分解して、有機化合物を無機化合物に還元する。斯くして無機化合物を栄養源とする植物を助ける。また、動植物の個体内の細菌類は、一部を除き宿主と一体になりその生存を助けている。このような細菌類は、例えばRNA等の情報伝達物質を出して、個体の細胞に対して働きかけ共生することができるのである。

・造成行動

動くことができる生物には、個体の生存に利するように行動する多くの種が存在する。その行動は主に捕食と種保存に顕著に現われている。そして、その生物としては、原生生物界の例えばアメーバ、ゾウリムシなどが挙げられるが、動物界の昆虫類、魚類、鳥類、哺乳類など非常に多くの生き物が該当している。以下、動物の造成行動の例を幾つか示していく。

生き物は捕食をするために種々の工夫をこらしている。例えば蜘蛛は体内から糸を出して、いわゆるクモの巣を張る。野山にあって木々の小枝の間で多角形模様の大きなクモの巣が昆虫を待ち構える。あるいは民家の天井の隅であっても造成されている。また、縁の下などの乾いた土に、蟻地獄というウスバカゲロウの幼虫がすりばち状の穴を造成し、すべり落ちるアリなどの虫を捕食する。そして、モグラは土の中を生活圏として、例えば野原の至る所にトンネルを造成している。この中に侵入してくるミミズ等の小動物を捕食するためである。以上のような動物の造成行動は個体の核DNAに刻まれたものであって先天的に身についた適応機能である。

ところで、高等動物になってくると学習する能力が高くなり、個体の経験に基づいた造成行動が多くなる。例えば類人猿であるチンパンジーは小枝を道具にして、アリ塚の中のシロアリを釣り出して捕食する。この時、チンパンジーは草木を適当な形に加工して、道具としての小枝を造成する。人類も曾ては生活の道具として多くの石器を造ってきた。このような高等動物の造成行動は後天的に身につけるものであって、核ＤＮＡに刻み込まれていないであろう。

動物は種保存のために種々の行動をとる。その主なものとして、子供を育てるための巣造り及び生殖のための行動がある。前者の例では、アリが土中に迷路のような穴を掘り巡らす営巣の行動がよく知られている。その他に穴熊、キツネ、タヌキ、ウサギ等の哺乳類から魚類に至るまで多くの動物が巣穴を造っている。また、鳥類では多くの種が小枝等を用いて大小さまざまな巣を造成し、それを用いて繁殖することはよく知られている。このような巣の造成はラッコなど一部の哺乳類でもみられる。そして、生殖のための後者の例では、雄が雌の気を引くために種々の構造物を造り上げることが知られている。ニワシドリ科に属する雄鳥は、林内の地上に庭を作り、そこに枯れ枝を並べて通路を造成する。そして、その廻りに、小石、羽毛等の光るものを散りばめた飾り付けをして雌鳥を惹き寄せる。同じように、シッポウフグ属で和名がアマミホシゾラフグというフグは、海底の平坦な砂地に溝、土手等から成るサークル状の砂模様を造成する。ここで、サークルの中心部から外縁に向かって放射状に多数の溝が形成され、外縁に貝殻の破片などが置かれている。これも雄フグが雌を惹き寄せるためと考えられている。種保存の前者の例は、動物の核DNAに刻まれているものであって、先天的に身についている行動としてよい。これ等の行動はその動物の生存を左右しているからである。そして後者の例は、動物の核DNAに刻まれていないもので、学習を通した自己組織化によるもので後天的に身につけた行動であろう。

・情報伝達

生物の中で人間は最も多い情報伝達手段をもつようにみえる。しかし、その多くは人間の「知の意識」に基づく科学技術によるものである。確かに人間は言葉による情報伝達を獲得し、更にそれを高度に発達させることで、自然界の中で他の生物と大きく異なるようにみえる。しかしながら、人間のもつ情報伝達の基本は他の生物と大きく変わることはない。即ち、それは発音による手段、身体動作による手段、メッセージ物質による手段である。

動物界では、哺乳類、鳥類、爬虫類、両生類の多岐にわたる種あるいは多くの昆虫は、自らが発音することでその周りに情報を伝達する。ここで、ほとんどの発音は短いシグナルになっており何かの合図である。例えば警告、威嚇、服従、求愛等を意味する合図が情報の伝達になっている。しかし、この中で一部の動物たとえばイルカ・シャチ等の哺乳類あるいは鳥類は、発声器官を発達させて色々の音を発することができる。そして、この異なる音種をつなげて発音することによって、合図以上に意味をなす情報が伝達されることもある。即ち、人間の言葉のような話語が発せられるのである。この発音による動物の情報伝達では、多くは先天的に身についた適応機能であり、核ＤＮＡに刻まれたものであろう。他方、人間の言葉は学習を通して後天的に身につくものであり、核ＤＮＡには未だ刻み込まれていないとしてよい。

身体動作による情報伝達は、上述した発音による場合と略同じである。個体の例えば頭部や肢体を動かすことにより、何らかのシグナルが伝達されるのである。

これに対して、メッセージ物質による情報の伝達は未知なるところが多くあるけれども、原核生物界、原生生物界、植物界、菌界、動物界の生物によって行われているとみてよい。ここで、メッセージ物質とは結局は生物の細胞によって作り出される有機化合物である。ホルモンなどの内分泌物質、フェロモンなどの生理活性物質であるが、その他に多くの種類のＲＮＡ物質が情報伝達物質として用いられているとみられる。例えば動物の個体は縄張り情報伝達のために、窒素含有の有機化合物である尿素を臭い付けする。あるいは、個体群社会の中の動物はフェロモンを発散させて、生理的刺激を仲間に与える。また、植物や菌類であっても有機化合物質を放散することによって、昆虫を惹き付けて受粉に協力させたり、食虫を容易にしようとする。更に、単細胞の微生物であっても、物質代謝で合成するＲＮＡが互いの間でやり取りされ、影響を及ぼし合っているとされる。特に動物や植物のような細胞有機体内に入り込み共生あるいは寄生する細菌は、有機体を構成する細胞との間でＲＮＡやタンパク質などの生体高分子のやり取りをしている。細菌が有機体にとって有害な物質を出す場合には、有機体の細胞は細菌を悪玉菌（病原菌）として攻撃する。逆に善玉菌の場合には、互いに上記メッセージ物質を交換して共生することになる。

このメッセージ物質を介する情報の伝達は、〔B〕章一節2分節で述べた細胞において凝集する構成要素間の生の作用にも連関することである。即ち、生物の属性であり機能である共生を発現している根源に深く繋がっている。その詳細については本分節の(3)変容においても取り上げる。

(2)　刺激反応

開放系にある生物の個体は外界からの色々の作用に晒されている。生物はその作用に合わせて反応しようとする。人間という生物は、例えば空腹時に旨そうな食物と感知すると、即ちその視覚、嗅覚あるいは味覚を通して知覚すると、口腔、胃、腸等の循環器系及び脳等の神経系が反応し、内分泌物、情報伝達物質などを身体に巡らす。これは先天的なものである。また、一般に日本人は、梅ぼしを感覚器官を通して感受すると、即座に唾液が口の中に出てくる。これは後天的なものである。何れも刺激反応の例であるが、このような刺激反応は、その形態を異にするものの生物に共通したものである。以下に刺激反応の事例を幾つか取り上げてみる。

生物の環境は、太陽、地球、惑星あるいは宇宙の運動や活動によって変化している。そして、日本の一年は春、夏、秋、冬の四季を有し、気温、湿度や雨量等の気候あるいは日照、大気や土地等の状態が大きく変化する。生物はこの環境変化に合わせて反応し生存している。雪の舞う冬から暖かな春に変わってくると、その環境変化に反応した多くの動植物、原生生物等は、その眠りから醒めて活動を始める。草木は新芽を出し、梅、桜や桃は色々の花を咲かせる。また、熊、リスやコウモリ等の一部の哺乳類、あるいは変温動物である両生類、爬虫類、魚類、昆虫及び微生物等は、例えば啓蟄といわれるように冬眠を終えて、捕食など生存のための活動をするようになる。

また、夏になると、向日葵、百日紅やアザミの花々が咲き、蝉の幼虫が地中から這い出し成虫になって、種々の蝉時雨を展開する。秋になると、菊、薄芒やコスモスが花開き、春に渡来した燕は南方へと帰っていく。そして、冬になると、多くの生き物は春までの休眠に入ってしまう。

生物は環境の状態とその変化をそれぞれ固有の手段により感受し、環境に適合するように反応している。ここで、上記感受の手段は、例えば人間の場合の感覚器官に相当する情報入力手段であり、生物種により異なる形態を成している。そして、生物はその入力情報に適合するように情報出力して反応する。この刺激反応には、先天的であり核DNAに刻まれているものと、後天的であり経験学習によるものとがある。何れにしても、刺激反応による環境への適応は、情報伝達による生の作用の創発を根源とするのであろう。

更に刺激反応の例を述べる。生物は群れを作る。動物、植物、菌類、原生生物そして原核生物の個体は、同種あるいは異種の群れの中で、孤立することなく相互に関係をもって生存する。その関係は、捕食者と被捕食者、共生、寄生、天敵、競合等と極めて多くの形態にみられる。ここで、各個体あるいは個体群は、他者から種々の作用を受けることになり、それに対して刺激反応をする。例えば、一般に人間は蛇に出会うと、一瞬息を止め身構えて相手に全神経を集中させる。この反応は先天的である。また、一般に被捕食側の動物は捕食側の動物を感受すると、逃避の行動をとる。この場合は、例えば天敵のように先天的に働くものと、学習により後天的に働くものがある。

植物界の例を挙げると、オジギソウは接触を受けると多くの葉及び葉柄が順番に収縮反応をする。シロイヌナズナは昆虫などにより葉を食べられると、除虫効果のあるからし油を分泌する。そして、一般に植物は生長する方向にそれを遮る障害物があると、それを迂回して伸長したり、あるいはその成長を止めてしまう。

物質と異なり、生物の生存する環境は温度、圧力、雰囲気などの状態が極めて狭い範囲に限られたものになっている。そのために、太陽系の変動がこれ迄の地球史より少しでも大きければ、生物の存在はなかったといえるのではないだろうか。高分子有機化合物という物質の構造体である生物は、僅かな環境の変化に敏感に反応し、〔A〕章三節の物質の適合性とは全く異なる仕方によって、自然界で適応し進化しているのである。

(3)　変容

生物が環境に適応できるのは、結局は外界との情報伝達によっているのである。そして、その根源を突き詰めると、生物の細胞における例えばRNA等の生体高分子を情報伝達物質とした情報伝達によって、生物の適応機能は発現されているとしてよい。ここで、この発現は後述する適応機構において起こってくる。尚、外界との情報伝達には、その媒体として生体高分子以外に、例えば人間の感知する電磁波（光）、音波（音）等があるが、これ等の媒体は最終的に生体高分子となって適応機構との作用を惹き起こす。生物がその形質を変容させるのも、その適応機構を通してのことである。以下に、このような変容の要因について考察する。

・心理／生理的要因

ある種の動物の成体は、周りの状況に合わせて身体の色や模様を変容させる。例えばカメレオン、タコ、魚等がよく知られている。このような変容は、神経系あるいは循環器系を備えた生物のできることである。これ等の情報伝達系を介して、身体表皮の細胞に所望の色素が合成され分泌されて、前記の変容が生じるとされている。これは正に成体のもつ心理的あるいは生理的要因の変容である。また、このような色や模様の変容は、植物の葉や葉柄にもみられることである。例えば落葉樹は、春夏秋冬の衣をもち季節に応じて変色させる。更には、果実の樹の葉は、多くの種類の幼虫に食われるが、虫が付くとその形を変える。これらの変容は生理的なものであろう。

・後成的要因

生物は細胞の中に種々の遺伝子が配設されている核DNAを有している。この核DNAは生物の親から子へと継がれていくが、各世代の中で不動の存在ではなく、環境に合わせて変容するところがあるといえる。それが後成的要因による変容である。

多細胞生物は、一般に細胞の自己複製を繰り返して、胚から成体へと個体発生する。この個体成長の中で、環境に影響された習慣や学習のような経験によって、核DNAに存在する或る遺伝子が発現しなくなる。あるいは、成体になってからも細胞は再生され自己複製を繰り返していることから、その成体の経験によっては発現しなくなる遺伝子があっても不思議ではない。このような遺伝子の発現が抑制されるのは、例えば或る種のRNAのような生体高分子からなる情報伝達物質が、核ＤＮＡの遺伝子の配設箇所に何らかから影響を及ぼすためであろう。また、逆に経験によって遺伝子発現の抑制が解除される。このようにして親が後天的に得た形質は、その遺伝子によって次世代に引き継がれるようになる。これが後成遺伝であり、後成的な生物の変容となる。

生物の細胞が物質を合成する場合、核ＤＮＡの所定の遺伝子が或るＲＮＡに転写される。そして、細胞内のリボソームでそのＲＮＡから翻訳されるようにして、所要のタンパク質等の生体高分子が生成される。しかし、遺伝子からＲＮＡへの遺伝情報の転写では、塩基の配列に僅かな変異を起こすことがある。この変異は環境にも影響される。ここで、その変異を修復する機能は存在するが、完全な修復がなされない場合には、合成される生体高分子が本来のものと異なったものになる。このために形質に変化が生じ、結果として環境によって後成的な変容が起こることになる。

・遺伝子変異

生物は自己複製する。その時に核ＤＮＡも複製されるが、その複製は完璧とはいかない。細胞を取り囲む環境たとえば温度は変動している。そのために、上述したＲＮＡへの転写の場合と同様に、例えエラー修復後であっても複製した核ＤＮＡの一部に変異の生じることがある。その変異は塩基の配列にあり、例えば塩基の挿入、置換及び欠失等が知られている。しかし、このような変異が個体の形質の変容に即座に現われることはなかろう。遺伝子は複数の塩基配列から成るものであり、一個の塩基配列の変異だけではその遺伝情報は変わらないだろうからである。けれども、このような核ＤＮＡの変異が幾つか重なってくると遺伝子変異になってくる。そして、生物の個体における形質変容が発現する。尚、遺伝子の作用は複雑であり、形質との関係は多様である。一つの遺伝子がさまざまな形質に多面的に働く場合と、逆に、一つの形質に多数の遺伝子が関与する場合がある。更に、これ等の両極端の働きの間で作用する遺伝子がある。

高分子有機化合物から成る生物は、一般の物質の場合に較べて遥かに環境の変動に影響され易い。核ＤＮＡも高分子有機化合物であり、通常では核膜に被われて細胞の中央部で守護されている。しかし、この核ＤＮＡは、外部からの強い刺激によって変異する。そのよい例として正常の遺伝子が変異して癌細胞を作り出し異常増殖することが挙げられる。曾て、一九一五年に東京帝国大学の山極勝三郎博士は、兎の耳をコールタールで反復塗擦することにより、世界で初めて人工癌の発生に成功している。現在では、タバコ、焦げあるいは刺激性のある食物、更にはある種の有機化合物は発癌性のあることが知られてきている。また、病原菌である種々のウィルスは、投与される医薬品に刺激されて、その遺伝子を変異させ薬品耐性を高めることがよく知られている。これ等のことは、細胞核の遺伝子は細胞周りの状況に影響され易いことを示している。

・**受動的変異**

上述したように、地球史の中で天変地異が幾度となく生起したことは考古学上よく知られたことである。例えば、大気中の二酸化炭素が減少して酸素量の増加が進んだ。あるいは、地球全球凍結が終わり、カンブリア爆発と呼ばれる生物の多様化が起こる。更には、小惑星の衝突や火山の爆発などによる天変地異が生じ、生物の大量絶滅は幾度となく繰り返されたのである。このような天変地異は、それ迄の生存していた生物の遺伝子を大きく変異させてきたもの思われる。これ等の変異は、生物の適応放散を惹き起こし、新しい種の自然選択を通した生物進化の要因の一つになっている。このように、生物は突然変異を含めて、外部の強い影響による遺伝子の受動的な変異を受け、そして変容する。

・**能動的変異**

生物の核ＤＮＡの変異は、その環境の変動によって受動的に生起するが、能動的に惹き起こされることも考え得るのではないだろうか。そこで、生物の擬態について取り上げる。例えばタコや或る種の魚類は身体の色や模様を情報伝達物質によって変容させることについては前述した。更に、昆虫には擬態をする多くの種が知られており、しかも遺伝子変異によって形、色、模様などの形質を変容させている。幾つかの例を挙げるが、個体の身体を周りの環境に在るものに似せて変容し、他者を騙すパターンがほとんどである。蛾の一種であるムラサキシャチホコの成体は、枯れ葉にそっくりな形、色及び模様をしている。キバラモクメキリガは枯れ木にそっくりな模様をして、鳥や小動物の捕食者を騙し身を守っている。アゲハ蝶の一種は、若齢幼虫の時期に鳥の糞に擬態し、食物になる植物の葉の上で生活している。また、ハエの仲間であるウシアブあるいは蛾の仲間であるスカシバの成虫は、それ等の身体を毒針をもつハチに擬態している。爬虫類になるが、無毒なサンゴヘビモドキは有毒なサンゴヘビに模様を擬態させ、派手な真赤な色、黄色と黒色の環状模様をしている。このような形質変容をもたらす遺伝子変異は、上述した天変地異のような環境変動から受動的に生じる場合と違って、擬態者が主体となって能動的に年月をかけて惹き起こしたものであろう。この詳細については次節の適応性と進化のところで考察することにする。

四　生物の進化

自然界は進化の中にある。非生命体である物質は、その本性としての運動能と物質間の相互作用とを有している。そして、上述したようにこの二つの本性の下に発現される適合によって、物質は多様化し、進化するとした。これに対して、生物は高分子有機化合物から成り、生の特有の機能を有している。そして、その進化は生物のもつ適応機能に依拠すると考えられる。以下に生物の進化について考察する。

1　生物の多様化

多様な生物は例えばリンネ階層式により種を基準単位として分類されている。そして、ダーウィンの「種の起源」により、種は単なる生物の種類ではなく、生物進化の実体概念を与える単位ともなった。更に、あらゆる生物種は共通の祖先をもっており、生物の形質上の類縁には実体論的なあるものが関係するという考えにつながった。現在の経験科学では、それは核DNAと考えられている。図5は、いわゆる5界説に基づいた生物系統樹の一例である。5界とは、原核生物界、原生生物界、植物界、菌界及び動物界のことである。現在の生物種はこの5界の中に分類される。そして、地球史の中であらゆる生物の祖先として、約四〇億年前に起源生物が誕生したとされるのである。ここで、起源生物は、核酸を含む高分子有機化合物が幾つか凝集し、生命という機能をもった一つの原始細胞であった。但し、この起源生物は現存するものではなく、考古学上の実証がなされているものでもない。いずれにしても、全ての生物種は共通祖先より環境進化及び系統進化することによって、多様化し現在に至っていると考えるのである。

例えば四〇億年程前に海底から発生した原核生物の一種は、それ迄単細胞の中で細胞質基質に剥き出しなっていた核DNAを、核膜で包むようになり、細胞質基質中に浮遊する他の細胞小器官から隔絶し保護するように進化した。それが真核生物である。ここで、原核生物は一つの原核細胞から成り、現在でも例えば大腸菌、ブドウ球菌、枯草菌等の多くの真正細菌が生息している。また、メタン細菌、硫黄細菌、好熱菌等の古細菌が特殊環境下に現存している。これに対して、真核生物は前記真核細胞から成り、殆んどが単細胞の原生生物、多細胞の植物、菌類、動物が属する。図5では、緑藻類等に類縁する原生生物の系統から植物界が現れている。同様に、原生生物の菌類に類縁する系統から菌界が出現し、繊毛虫類や胞子虫類に類縁する原生生物から動物界が現われ進化している。更に、植物界、菌界及び動物界の生物種は、地球史の中で種々に分化を繰り返し、自然選択を経て進化し現代に至っている。そして、現在の地球上の生物は、推定では少なくとも千万種程が生息し多様化している。

2　進化の形態

生物は進化を経て多様化している。その進化は物質のそれとは異になる。物質の場合は、階層構造の物質が下層から上層へと凝集して、多様化することを意味していた。但し、ここでは

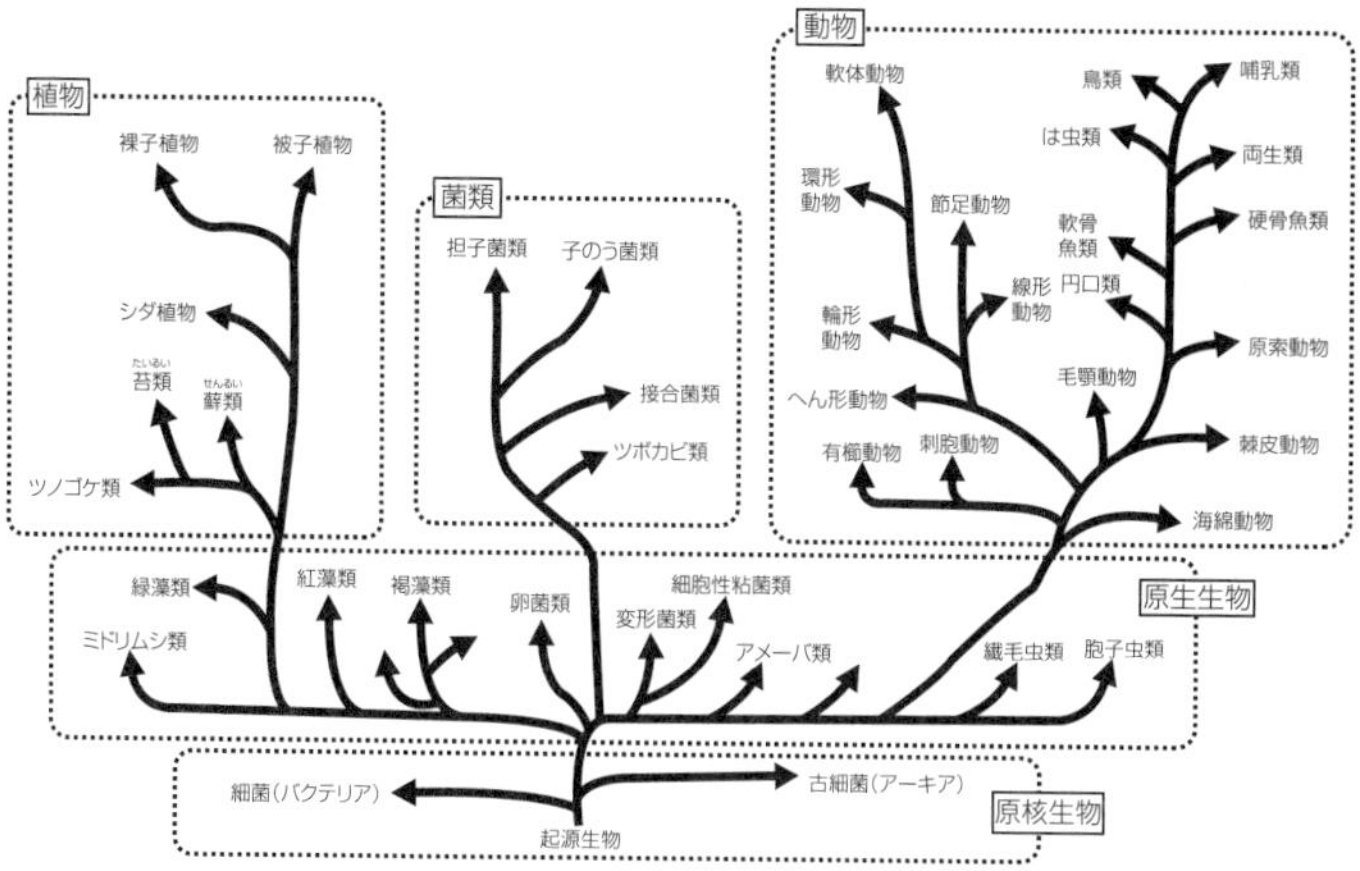

図５　５界説に基づく系統樹
※図版は吉田邦久氏『好きになる生物学』講談社・2012年から引用

物質間に働く相互作用と、物質のもつ運動能とが重要な適合という機能を発現させる。この機能によって、物質はその環境に適合した凝集をすることができ、秩序立った階層構造を築くのである。詳細は〔A〕章二節物質の進化を再読して頂ければ幸いである。これに対し生物の場合では、〔B〕章三節生物の適応機能が生物の進化と多様化に重要な役割を担っている。生物は生命という働きをもっている構造体であり、その構造体は高分子有機化合物が凝集したものである。ここで、現在の経験科学の実体論的把握では、核酸という生体高分子が構造体にあって主役になり、生物の基本的機能である物質代謝、自己複製及び適応機能を発現していると考えることができる。尚、構造体は、単細胞、多細胞などであり、それ等の構成要素の高分子有機化合物が、物質としての本性である運動能と相互作用をもち、更に情報伝達物質のやり取りをする。それによって、〔B〕章二節で説明した生の作用が創発されて生物特有の機能が発現しているのである。以下では、適応機能を拠り所にして生物の進化の機構を考察する。

(1) **生物の特異的進化**

地球の進化については〔A〕章二節物質の進化を参考にして頂ければ幸いである。地球の進化は物質の進化であり、生物の進化であり、逆に生物の進化は地球の進化をもたらした。〔B〕章二節生の基本機構で説明したように、生物は、物質における化学進化、分子進化と生命進化を経て、物質代謝及び自己複製という機能すなわち最も基本的最下層の生命を経て誕生した。これにより、原始細胞または原核細胞という生命構造体が誕生し存在することになったのである。このような生の構造体は、地球が誕生して約六億年後に、上述したように構造体の構成要素間に創発した生命作用によって発現したものである。それから生物進化が始まった。

・**好気性生物へ**

原核細胞から成る真正細菌であるシアノバクテリアは、三二億年程前に現われ、光合成により海中に酸素を供給し始めた。特に二七億年程前には、この単細胞生物は大量発生し海水中の酸素量を大幅に増加させ、更に、大気中にも酸素を供給し続けることになる。そして、上述したように地球の海洋形成の頃の大気は、略二酸化炭素で占められていたが、この光合成の同化過程によって酸素に変えられていく。また、大気中の酸素は太陽からの紫外線と反応しオゾン層を形成するようになる。このオゾン層は、低酸素濃度では地表にまで及んでいたが、濃度の上昇につれて地表から高い位置に形成されて成層圏に移動し、生物のＤＮＡを破壊する有害な紫外線の地表への入射を抑制するようになる。このようにして、地球上の生物は酸素を効果的に利用することのできる好気性生物へと偏って進化をすることになるのである。確かに現在までに進化し多様化した生物種のほとんどは好気性である。図5の生物系統樹の原核生物界で、嫌気性生物は、極限環境あるいは好気性生物の個体内において、僅かの種で現存しているに過ぎないのである。

・原核生物から真核生物へ

現存が知られている原核生物は、真正細菌で六千種程度、古細菌で二百種程度である。これに対して、真核生物は九百万～千万種程度と予想されている。このように、真核生物の種は原核生物種の百倍～千倍に多様化して進化していると考えられるのである。地球史においては、単細胞の真核生物が出現するのは、起源生物あるいは原核生物の誕生から約二〇億年後といわれるように極めて長い年月を経てからのことである。この間、単細胞である原核生物の多様化は、生物の基本的機能である物質代謝に依拠したものであった。即ち、種々の有機化合物を合成する原核生物が出現したのであろう。その一種がシアノバクテリアであり、当時に最も多量にあった水と二酸化炭素を化学反応させて炭素を固定するものであった。そのためにシアノバクテリアが優勢に増殖した。しかし、この原核生物はその光合成において酸素を必然的に発生させる。酸素は酸化力が強く有機化合物を酸化し易い。そのために、有機化合物を合成する多くの原核生物種が絶滅し、一部が嫌気性生物種として大気に触れない土中、水中や地殻あるいは他の生物の体内で生き続けているのであろう。現在の生物には、無機物質から有機化合物を合成する以外に、有機化合物を摂取し別の有機化合物に再合成する種も多く存在する。原核生物にもこの種が存在し、有機化合物を無機物質に還元するものも現存している。これから推測して、有機化合物を酸素により酸化して、水と二酸化炭素の無機物質に還元する原核生物が当時に出現したのであろう。これが上述したミトコンドリアとなるアルファプロテオバクテリアである。この原核生物は、シアノバクテリアとは逆の異化の過程によって、水と二酸化炭素と化学エネルギーを生成する。

当時の原核生物は、その一部の種が耐酸素性を獲得して、更に酸素を積極的に利用できる真核生物へと進化した。これも細胞進化である。上述したように、真核生物の細胞は原核生物の細胞に比べて遥かに多くの細胞小器官を有し、その体積を千倍以上に拡大させている。そして最大の特徴は核DNAが核膜に包まれて保護されていることである。これによって、核DNAは酸化による損傷の機会が大幅に低減することになった。原核生物から真核生物への進化の過程は定かではないが、多分に種々の試行錯誤があり、環境に適する細胞構造が残った。現在、L・マーギュリスが提唱した、細菌の中に真正細菌が入り込んで共生するようになり真核生物に進化したという説が広く認められている。即ち、真核生物は複数の原核生物が合体したものであるとされる。そして、進化系統樹の3ドメイン説における真核生物ドメインに原生生物、植物、菌類と動物が属し、それ等の多くの種がアルファプロテオバクテリアと古細菌の共生を起源にするとされる。更にシアノバクテリアが加わり共生し進化した種もある。ここで、アルファプロテオバクテリアはミトコンドリアとなり、シアノバクテリアは葉緑体となって真核細胞内で分化している。尚、古細菌は上述したように極限環境に対する耐性が強く、酸素耐性を有しているいると考え得る。

・単細胞生物から多細胞生物へ

真核生物の中で現存する原生生物は約七万種以上といわれ、生活環をもつ細胞性粘菌類あるいは藻類の一部を除いて、殆どが単細胞生物である。これに対して、植物界、菌界及び動物界の生物は略総てが多細胞である。植物、菌類及び動物の種は、それぞれ三〇万、六〇万、七七〇万程度であり、約九百万種の多細胞生物が生息していると推定されている。このように、現在の地球上生物の多様化は、５界説系統樹での植物界、菌界及び動物界の多細胞生物で顕著に現われているのである。但し、個体数の多い生物は単細胞の微生物であり、他の生物に寄生あるいは共生する細菌類である。

地球史において、多細胞生物の出現は一〇億年程前といわれ、真核生物の誕生から一〇億年程の経年を要している。その間、真核生物はその単細胞の中で種類の増加した細胞質の働きを分化させ、それ等の共働作用を通して、高度な分業化へと進化した。ここでは原核細胞と真核細胞の間、更に異種の真核細胞の間における共生と合体が生じた。これは、捕食側の真核細胞が被捕食側の単細胞を消化することなく、共生作用が働き、一つの細胞内で共存し調節したからである。斯くして、生物は上述した基本的最下層の生命から次の階層の生命を創出することになっていった。

更には、生物の凝集性と共生という性向から、上述した細胞群体や多細胞のような集合細胞は、種々に誕生しては消滅したものと考えることができるのである。ここで、多細胞生物への進化は、上述したような細胞有機体の構造の発現を必要とした。即ち、集合した細胞の間の原形質が互いに連携できる仕組みを必要としたのである。多細胞生物の各細胞は、細胞群体の細胞のように独自に生きることができないためである。上記仕組みが情報伝達系による細胞間の情報交換である。これによって、多細胞生物の各細胞はその個体における役割をもって分化し、それ等の統合作用を通して、高度な分業化へと進化できる道を開くことができた。尚、細胞有機体についてはB章二節1分節を再読して頂ければ幸いである。

この多細胞生物の出現は、単細胞生物よりも高い機能を発現することを容易にし、それよりも高階層の生命を創出する一歩になった。そしてB章三節で説明した生物の基本的機能と、ミトコンドリアを通して酸素を効果的に利用して得るエネルギー代謝とによって、多細胞生物はそれ迄になく速い進化の道を辿るようになり多様化が進んだのであろう。

また、多細胞生物は食糧となる被捕食側のＤＮＡの一部を、その捕食生物のＤＮＡに組み込んで、新しい機能を取り入れている。例えば動物がもつ目の機能は、光を検知する植物系生物のＤＮＡが捕食者のクラゲに、更に食物連鎖で節足動物や原索動物のＤＮＡに入り、その中で進化していった。

(2)　生物の系統的進化

物質はその凝集性と適合性の下に多様化して階層構造的に進化するとした。他方、生物の進化はその特有の機能である適応性に依拠していると考えた。そして、前記の生物の特異的進化では、生物におけるその要素の凝集性と適応性とを基盤にした飛躍的な進化を例示した。しかし、生物種の多様化は、例えば図5のような系統樹に沿った進化を通して生じていると考える必要がある。即ち、生物の進化は樹木の枝のように分岐する形で進むが、複数の異なる分岐が再合流するような形はとらない。例えば、動物の一部と植物の一部をもつような生物の個体は存続していない。あるいは、神話や伝説上の半人半獣の生物、半人半魚の人魚などは実在していない。これ迄、生物は飽くまで分岐するような系統的進化を遂げて多様化しているとされてきた。

一八六六年にヘッケルは各生物の類縁関係を系統樹で表わした。但し、この系統樹は植物界、動物界と原生生物界（プロチスタ界）の3界で成り立っている。系統は生物の進化経路を表わそうとするもので、ダーウィンの「種の起源」以降の考えである。生物の系統分析では、生物の外部形態、内部形態、発生形態あるいは化石等に示される形質の類縁関係が推定される。そして、系統において新しい形質が現われるところを分岐点とする分岐分類の方法が有用であるとされる。尚、リンネの階層式分類は分類基準があいまいで人為的であるが系統的なところも多くみられる。

・系統分岐点近傍での進化

図6は動物界、脊椎動物亜門における系統分岐を示す概略図である。現在の動物界の種は七七〇万程度と予想されているが、脊椎動物をはじめとする動物界の殆どの門は、上述したカンブリア爆発において出揃ったとされている。それは、多細胞生物の出現から五億年程後のこ

とである。そして、形質を異にする生物種が誕生と消滅を繰り返し、生存した種が系統的進化をしているのである。例えば図6のα点より右側に分岐している動物群は脊椎骨をもち、その脊椎動物を共通祖先にしている。それから硬骨魚類の系統分枝が条鰭魚類として分岐し進化していく。他方、この分岐点αから別の系統分枝であり四足を持つ脊椎動物が出現することになる。ここで条鰭魚類は体からヒレが直接に生えている魚類で、サメやエイの仲間である軟骨魚類以外の現在一般的に見られる多くの魚が属している。

次の分岐点βでは、新しい四足という形質が追加された四足動物の共通祖先が誕生してくる。分岐点αから分岐的βまでの進化経路では、例えば現存するハイギョ、シーラカンス等の肉鰭魚類に似た脊椎動物が誕生し死滅していったのであろう。この肉鰭魚類とはヒレの根元に骨と筋肉の柄を持っている魚類のことである。そして、両生類の系統分枝が分岐して進化すると共に、爬虫類及び哺乳類の共通祖先への系統分枝が発生するのである。

化石研究の中で、初期の両生類としてイクチオステガがよく知られているが、三億六千万年頃に四足になった両生類は陸上生活をしたとされる。脊椎動物の上陸は、植物あるいは節足動物の上陸からそれぞれ六千万年、四千万年程度の遅れである。尚、現存のカエル、サンショウウオ、イモリ等は、幼生時に淡水中で鰓呼吸し、成体で変態して肺呼吸になり陸上で生活するようになっている。脊椎動物の上陸は大きな進化であり、それが肺呼吸によって可能になっていることを考えると、進化上の変化である分岐点βは肺呼吸という形質の追加点であってもよさそうである。ところが、肺呼吸は上述のハイギョも行い、多くの条鰭魚類も古くは行っており、現存の浮き袋がその肺から進化したものとされるようになってきた。尚、サメやエイは浮き袋をもたないことから、軟骨魚類から硬骨魚類の進化経路において、肺の形質は発現したとされる。

上述したように現生の両生類の例えばカエルは、卵生したオタマジャクシでは水中にて鰓呼吸して尾ヒレで動き、徐々に四足になり、肺呼吸に変わって尾ヒレもとれ変態して成体になり、陸上での生活をするようになる。このように両生類は、個体の一代でもって系統的進化を現わす生物と考えられている。生物は数世代をかけて形質を変化させ、自然選択を経て環境に合うように進化する。現在の経験科学では、各生物における形態はその細胞内の核DNAに情報として書き込まれ、世代に亘って遺伝するとされる。これに則して考えると、両生類の核DNAには、前述した形質の鰓、尾ヒレ、四足、肺に関する情報が書かれていることになる。そして、その情報が例えばカエルの成長と共に順次に働き始め、あるいは働きを停止し、形質を変容させていることになる。ヘッケルは生物の発生において個体発生は系統発生であると言った。両生類における前記形質変容は、系統発生が目に見える形になっている例である。

この視点に立つと、系統的進化においては、系統分類の分岐点の形質は、その右側に分岐す

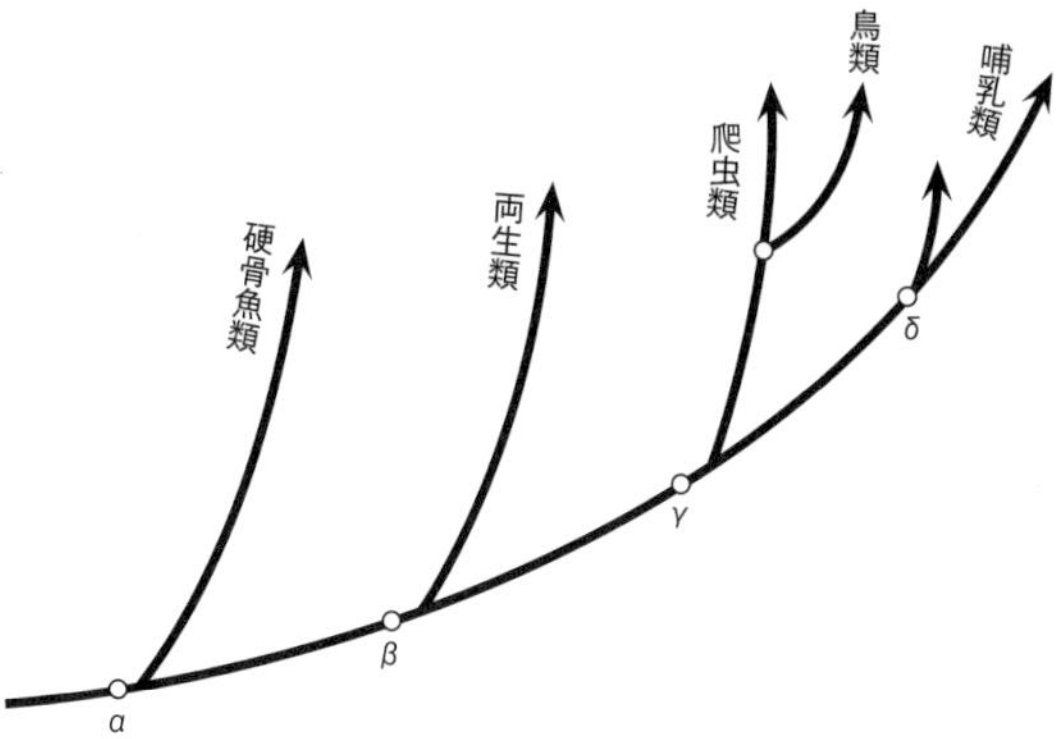

図６　系統的進化の例

る生物群の核ＤＮＡに情報として累積していくものとすることができるのである。

図６の分岐点γの爬虫類と哺乳類の共通祖先である四足動物は、卵生、卵胎生、胎生等であり、新しい形質である羊膜を獲得するように進化した。そして、この羊膜を形成させるような情報が核ＤＮＡに追加されて書き込まれることになる。尚、羊膜とは、爬虫類、鳥類、哺乳類の胚発生の際、胚体を直接包む胚膜のことである。更に分岐点δの全哺乳類の共通祖先は、毛と乳腺という新しい形質を獲得するのである。そして、この形質を形成するための情報が核ＤＮＡに書き込まれて追加されることになる。このような系統的進化が幾度となく繰り返され、その度に新形質に関する情報が核ＤＮＡに刻まれて、現生の例えばヒトという生物種は存在する。この核ＤＮＡに刻まれていった一連の情報は、実体論的には遺伝子の塩基配列に組み込まれている。

・形質変容についての一考察

系統的進化で現出した形質は、その形成情報の痕跡として各生物種の核ＤＮＡに刻まれているとした。そこで、この観点から動物界の系統的進化の機構を論じる。

例えば進化系統樹において、ある多細胞の真核生物は運動をするための鞭毛あるいは繊毛を、集合した細胞の外殻に形成するようになる。この鞭毛や繊毛という形質は、単細胞の真核生物のうちの鞭毛虫や繊毛虫からそれぞれ受け継いだものであろう。そして、たまたま鞭毛の形質を継いだ多細胞生物が脊索動物として系統進化することになる。即ち、一つの鞭毛の動きが多細胞生物の運動に効率よく伝わるように、その鞭毛に繋がるように体の中軸となる脊柱が発達して系統進化する。初めは鞭毛と同じタンパク質の繊維であったものがその固さを増し、その後は軟骨に変容し軟骨魚類を生む。その軟骨は更に硬骨に変容し、図6で説明した脊椎動物亜門の硬骨魚類につながるのである。即ち分岐点αの特徴的な形質である脊椎骨が形成されるようになるのである。また、鞭毛という形質も変化して進化あるいは退化する。鞭毛の形質を継いだ多細胞生物は、繊毛のように多数ではないが、複数の鞭毛をもっていた。そして、原索動物から魚類へと進化する中で、主の鞭毛は魚類になって尾ビレになり、副の鞭毛は胸ビレ、腹ビレ、尻ビレと背ビレに変容していった。その後は、それぞれ一対の胸ビレと腹ビレが系統進化して、分岐点βで説明した四足という形質に変容していった。尚、主の鞭毛は、爬虫類、鳥類及び哺乳類の生物種にあって尻尾という形質に残っている。但し、ヒトやカエルの成体では退化している。また、背ビレは変容した形質になって恐竜に多くみられた後、一部の爬虫類に残る。尻ビレはその後殆んど退化している。

上述したように生物の形質は核ＤＮＡに情報として書き込まれる。そして、前記脊柱の進化における例えば軟骨、硬骨そして脊椎骨への形質の変容では、核ＤＮＡの旧情報は消去されないで、新しく僅かな情報が付加され変調を受ける形態になっているのではないか。即ち、実体論的には、核ＤＮＡの塩基配列における新しい変異は僅かであり、旧情報に相当する塩基配列は変化していない。但し、その一部の塩基配列は、そのタンパク質への翻訳を抑止する生体高分子で被包され、その発現の阻止を受けることが生じる。以下、これは遺伝子の非発現という。また、上記鞭毛を起源とするヒレ、四足の形質変容も、脊策を起源とした脊柱の変容の場合と同様の形態で生じていると考えてよい。そして、核ＤＮＡに累積して刻まれていく情報は、痕跡となって遺伝子として後代に引き継がれたのであろう。

(3)　進化での適応機能

生物の形質変容は生物の機能である適応機能によって行われる。この適応機能の詳細は〔B〕章三節3分節を参照して頂ければ幸いである。特に生物の変容で触れているように、結局のところ情報伝達物質によって、核ＤＮＡの情報は書き込まれ　あるいは書き変えられている。ここで、情報伝達物質は例えばＲＮＡのような生体高分子である。また、天変地異による核ＤＮＡの変異にあっても、環境世界からの刺激に対する反応という適応機能によって、生物の体内に生じる生体高分子を通して起こるのである。これは受動的変異である。これに対して、生物の擬態の例のように能動的変異も起こっている。この場合は、生物において特有に創発される二節２分節の生の作用が顕著になる。上述した擬態を例にとると、通常では被捕食者と捕食者の関係になる擬態者と被騙者の間、擬態のモデルが生物となる場合の被擬者と擬態者の間において、情報伝達物質が遣り取りされて生の作用が創発される。これによって擬態者は適応機能を発現させる。ここで、情報伝達物質による遺伝子変異が生じ易くなる。そして、一見して擬態者が主体的になったように核ＤＮＡの変異が起こるのである。これが能動的変異である。このような適応機能は人間において適用される意識作用のことになる。この関係については〔Ｄ〕章の適応機構で詳細な考察をする。

また、核ＤＮＡの変異は、例えば突然変異といわれてきた急進的変異と緩やかな漸進的変異に分けられる。突然変異については一九〇一年にユーゴー・ド・フリースが初めて提唱したとされる。これは形質の急変を引き起こす核ＤＮＡの変異であり急進的変異である。尚、近年の遺伝子工学における遺伝子組み換えやゲノム編集は、人工的な急進的変異を生物界に惹き起こす可能性をもっている。この急進的変異は自然に起こる頻度が低いが、大きな形質の変容をもたらす。このような急進的変異が上述した系統的進化における分岐点の形質変容に繋がっているのではないだろうか。但し、急進的変異は全てが生存につながるものではない。後代にその遺伝子を継ぐことができないために生物種にならずに消滅するものもある。

一方、漸進的変異は系統分類における例えば生物の属あるいは種の中でみられる形質の変容をもたらす。これは、例えば現生人類のホモ・サピエンスにある黒人、白人、黄色人等の人種の間の身体の違い、例えば肌、眼、毛、顔等の色や形に見られるようなものである。このような形質の変容は数万年程度の経年で起こっている。また、他の動植物では、同じ生物種でありながら形質を異にする固有種といわれる種々の生物が、環境に適応して生息している。この場合の形質変容は突然変異の場合に起こってくる変容に比べて小さなもので、核ＤＮＡの漸進的変異によって現出する。この漸進的変異は前述した急進的変異と同様で、基本的には情報伝達物質であるＲＮＡのような生体高分子によって引き起こされる。生体高分子によって核ＤＮＡのある塩基配列が非発現の状態にされたり、変形を受けたりする。前者では、核ＤＮＡの一部で変異が徐々に生じ累積していくことにより、上述したような形質変容が顕わになる。

生物の前記系統的進化は、核ＤＮＡの急進的及び漸進的な変異における遺伝子変異によって、生物の形質変容が生じることにより、惹き起こされているとすることもできる。ここで、この変異は基本的には生物の特有機能の一つである適応機能に依っている。尚、生物の変容はこれ迄は自然選択を受けて生存できた生物が系統分類されているが、変異を受けても生存できなかった生物種は多数に上るであろう。そして、生存できた系統の生物が、上記変異で生じた変容を累積させ、あるいはその発現を止めて、進化の道を推し進めるのであろう。

(4) 今後の人類進化

拙著の「進化融合論」で自然の本性は自性であり、進化と条理を備えているとした。生物の進化は上述した系統的進化を今後も続けるものとして、主に人類という生物の進化を考えてみることにする。現在の考古学では、少なくとも二億二五〇〇万年程前に哺乳類は誕生している。その後、系統分類上では哺乳網の食虫目に類似の動物から霊長類が分岐し、樹上生活を通して適応放散したとされる。これが霊長目あるいはサル目に分類されており、約六五五〇万年前には出現したとされる。そして、二五〇〇万年程前に類人猿が出現したとされる。これはヒト上科とショウジョウ科に分類され、尻尾の退化が見られるようになる。更には、二千万年程前にヒト科とテナガザル科の共通祖先の類人猿から分岐し、そのヒト科から、約一四〇〇万年前にオランウータンそして千万年程前にゴリラがそれぞれ分岐していったとされている。その後、約七百万年前にヒトとチンパンジーの共通祖先が分岐するのである。

この共通祖先から分岐した人類は、アウストラロピテクスなどの猿人、ホモ・エレクトゥスなどの原人、ホモ・ネアンデルターレシスなどの旧人を経てホモ・サピエンスという新人へと進化している。現生する人類はホモ・サピエンスという一種のヒト種で成り立ち、他の猿人、原人、旧人は全て消滅している。

次に、上述した系統の中にある現生人類の未来における系統分岐を考えてみる。現在は、チンパンジーとの共通祖先から分岐して七百万年程経ち、新しい形質が現出できるようになる進化経路の途上にあるのかもしれない。そして、未来の新しい系統分岐となる新型人類が備えることになる形質の一つは、四層構造脳ではないだろうか。これは極めて大胆な考えかもしれない。尚、人類の脳の進化、大脳の三層構造とその働きについては「進化融合論」で論述している。新型人類の四層構造脳への進化を考える理由として二点を挙げる。その第一は、現在の人間に見られる個体発生において、胎児の頭脳の分化及び発育が他に比べ最も遅く、未熟状態の出産がなされていることである。そして、その第二は、脳中心部の脳神経細胞の増殖が高齢になっても活発に続けられることである。脳機能を高めるには脳の構造の他にそのエネルギー代謝の向上が必須であり、脳の大きさ及び循環器系が変容することになる。その時期はチンパンジーとの分岐から千万年すなわち現在から二〜三百万年後になるであろうか。このような未来では、人類は地球外の小さな惑星あるいは宇宙空間にも生息するようになり、重力の制約を克服できる環境で適応しているであろう。この場合に、上述した系統分類に則ると、現生人類の子孫と新型人類との共通祖先の形質が四層構造脳になる。そして、新型人類は具象を言葉で以って抽象化することなく、具象の中の条理を認識及び理解することができる。

ところで、現生人類は序論で述べたように「知の意識」を発現させた。これにより自然界に作用し、自然世界の具象を抽象化して整理する術を身につけている。そして、物質操作及び生命操作を通して種々の人工造成物を創り出せる生物になってきている。その中で人間は遺伝子を操作し自然造成物とは異なる生物を創出する科学技術を発展させている。このような科学技術によって、種々の人工生物が早晩には自在に創り出され、これ迄の生物進化は大きく撹乱されないだろうか。核ＤＮＡの二％程度を占める遺伝子の全容、更には核ＤＮＡの働きの全容が明らかになり、上述した遺伝子組み換え技術あるいはゲノム編集技術が進展することにより、自然界では数万年はかかるような急進的変異が人工的に数十年間で確立されるようになる可能性は否定できないのである。

また、生命操作の技術が進むと、例えば系統進化してきた生物の異なる種、異なる属あるいは科の間の人工交配が高制御下で可能になり、生物の広範囲に亘る交雑種が創り出される可能性が生じる。極端な例では半人半獣あるいは人魚のような生物が産み出される。更には、これ迄の自然選択に代わって人為選択による生物進化が惹き起こされる危険性がある。

今後も現生人類が進めるであろう科学技術は、人類自身の進化をスパイラル状に加速させながら、結局は現生人類の子孫を消滅させるのかもしれない。例えば、地球上にあって生物の新たな進化が加速して続き、太陽という恒星が終焉する以前に、全生物の消滅は起こり得るのである。

C 生物と環境世界

生き物は、地球の種々の場所、例えば野山の森、土の中、川、沼、湖および海等の水の中、大気の中、そして極限環境といわれるような深海の底や地殻の深部に到る迄、生存の場を設けている。現在その種の数は一千万程と推定されているが、それぞれの生物種はその生存の場に独自の世界を展開していると思われる。このような世界を生物の環境世界と総称して、その考察を以下に加える。

一 環境世界とは

生物学者のユクスキュルは行動学の立場から、動物が働きかけ、作用を及ぼすその動物周りの世界を環境世界あるいは環世界と称した。また、哲学者ハイデガーは、著書「存在と時間」の中で、人間の現存在を日常生活の場である人間の環境世界と結びつけて展開している。ハイデガー自身はユクスキュルからの影響について言及していないが、彼の環境世界の概念はユクスキュルのものに類似している。本書で展開する環境世界とは、正に生き物が自然界等の外界に働きかけ、あるいは外界への刺激反応を通して得られる世界である。そして、自然界の進化に伴い変化している世界である。即ち、生物の適応機能の対象世界である。ところで現生人類である人間は序論で述べたように「知の意識」を有し、他の生物とは異質の環境世界になっている。そこで、以下には人間と他の生物の場合とに分けて述べる。

1　人間以外の環境世界

(1)　具体的な例

モグラという哺乳動物は、土の中に小さな坑道を四方に張り巡らし生活をしている。視覚の無い暗闇の中で、発達した嗅覚を頼りに環形動物のミミズあるいは節足動物の昆虫等を捕食する。モグラはひたすら土に働きかけている。そして、土の温度、湿度、硬軟度、その他の土質を感受し、捕食対象に出会える場所を試行錯誤で探している。この土の中は、無機物及び有機物の物質、細菌などの微生物、植物、菌類、昆虫等の小さな動物の棲む世界である。このような土に掘られた坑道がモグラの環境世界になっているのである。

地上に生息するカタツムリという軟体動物は、危険の時にその身を引っ込めて守ることのできる渦巻状の貝殻を背負っている。緩やかに滑って這う動きの中で、発達した触覚を頼りに植物の茎、葉、実あるいは落ち葉や朽ち木を食物として生活している。また、二対の触角のうちの長い方の先端に目がある。それは光の明暗を感じる程度であるが、触角の自在な動きでもって広範囲な視野の明暗を感知することができる。カタツムリは貝殻を除く身体の全体が触覚の機能をもち、周囲に触れながら慎重に手探りして、環境に働きかけている。このようにして得られる世界がカタツムリの環境世界である。

鳶はワシ、タカ科の鳥類であり、野山や川辺の上空を輪を描いて滑翔している。発達した視力は、人間の視力を一～二とすると、八～一〇程度になるといわれている。その高い視力でもって地上を俯瞰し、小動物や動物の死骸を探して食料にしている。この鳥は、同じ猛禽類のワシやタカに較べて攻撃性が弱く争いを好まない。上空にあって、眼下の高精細な平面的景色を鳶の環境世界にしている。そして時折放たれるピーヒョロロという鳴き声は、その一体の世界がその鳶の縄張りであることを主張している。

アゲハ蝶という昆虫では、孵化して生まれた幼虫が何度か脱皮を繰り返した後に蛹になり、蛹が羽化して成虫になる。この昆虫の特徴は完全変態を通して擬態の能力を身につけていることである。幼虫の時期は、食料となる葉の上で生活しているが、その外部形態を鳥の糞に擬態して、鳥や小動物などの捕食者から身を守ろうとする。また、幼虫が成虫に発育する蛹の時期では、その蛹の外観は硬い殻のようになり、その色相が周囲に酷似したものになる。そして、食物を全く取らず、移動もしない静止状態となる蛹化時期、幼虫の組織が成虫の組織へと大きく変化していく。この時期は環境との関係が略途絶する期間になる。

成虫になったアゲハ蝶は、植物の花の蜜を食糧にして生活し、次の世代を残すために精一杯の活動をする。人間の色覚では、赤色、緑色及び青色の三色が基本色であるが、アゲハの場合は、更に紫色と紫外線領域色とが加わる五色が色覚の基本色になるといわれる。このために、アゲハ蝶の環境世界は色彩が豊かになり、人間に較べて遥かに多くの物質及び生物の存在が識別できることになる。また、雌雄の識別は、その鱗翅の紫外線領域色によりアゲハ蝶間では容易になっているが、他の生物にとっては難しいものになっている。更に、成虫は翅の模様に擬態をなし、有毒種であると捕食者を騙して生存の確率を高めようとする。これ等は全て種の生存戦略である。

次に、人間に較べて遥かに優れた聴覚及び嗅覚をもっている犬の環境世界について考えてみよう。犬の祖先は、略オオカミであるとされ、少なくとも後期旧石器時代には人類と共存していたであろう。その後人の家畜化が進み、現在では家畜種の中で最も人に馴化し、人間と心が通じ合える生き物になっている。犬は人工交配によって数多くの種が創りだされているが、その嗅覚は人間の百万〜一億倍に達するといわれる。そのために、犬が働きかける環境世界は、視覚では捉えることのできない分子あるいは高分子をも対象になり、例えば生物間の情報伝達物質を認識している世界であるかもしれない。また、犬の聴覚は人間の二万ヘルツより更に高周波数帯域の四万六千ヘルツまで達し、音により捉えられる環境世界も人間の場合よりも格段に広い範囲に及んでいる。犬がその嗅覚及び聴覚により感受している具象世界を、人間の脳に伝達することができるようになると、犬と人間の心の交流は更に深まることになる。

次に、水の中で生息する生物の環境世界として、ウナギの場合を考察する。日本の河川湖沼でみられるニホンウナギは日本から二千キロメートル南方のマリアナ諸島沖で産まれる。そして、稚魚は海の中を回遊しながら黒潮にのって北上し、シラスウナギに成長したころに日本の河川を遡上し始める。その後、河、湖沼などの淡水域で昆虫、小魚、甲殻類を食料にして一〇年程の間生活し、マリアナ諸島沖の産卵場所へと回帰する。このウナギは鰓呼吸と共に皮膚呼吸もすることができ、水中の生活の他に陸上生活も可成りの長時間にわたり、例えば一〇時間程度できるとされる。このように、ニホンウナギは海水中、淡水中、泥中及び空気中を生活圏にする条鰭魚類である。そのため、ニホンウナギの働きかける環境世界は他の生物に較べて広大である。

このニホンウナギは地球史の中で一億年以上は存続しているといわれる。しかし、最近は絶滅危惧種に指定されている。この絶滅の危機は人間の乱獲によることは明らかである。現生人類による環境世界の破壊はこの例以外にも枚挙に暇がない程数多いのである。近年の国内だけでもニホンカワウソ、コウノトリ、トキ等一〇種以上にのぼるとされる。人間の自然界への影響は科学技術の発達と共に益々深刻になっている。これについては次節でも触れる。

次に植物がもつ環境世界について考察してみよう。植物界にも多くの種が存在するが、動物界の生物との最も大きな違いは、個体自体の移動ができないことであろう。主に桜の木を例にして説明する。

日本全土には多くのソメイヨシノという種の桜が植えられている。この桜は人為的な品種改良を受けて創られたものとされる。春季になると若葉に先んじて多くの花を咲かせる。そして、この花は有機物質からなるメッセージ物質を四方八方に放散させて、昆虫や鳥をその周りに引き寄せている。このメッセージ物質は、人間が感知する仄かな香りの他に、人の感知できない有機物質を多量に含んでいる。引き寄せられた動物は花の受粉に協力することになる。

その後、桜の木は一週間程度で花を散らし、多くの緑の葉で装うようになる。この葉は薄い緑の若葉から濃い緑の青葉へと、季節の春夏に合わせて移ろう。また、この緑の葉の色あるいは葉から発せられるメッセージ物質によって、種々の昆虫の幼虫が集まり群がる。更に、その幼虫を捕食する鳥が集まってくる。桜の木は樹液によっても、セミ等の昆虫をおびき寄せている。このように、桜の木は自身が動けない代わりに、動物に較べて多量のメッセージ物質を周りに放散することにより、見かけより広い領域に亘る環境世界を築いている。その中で、自身は光合成によって生き物の糧になる高分子有機物を生み出しているのである。

そして、秋季になると、濃緑の木の葉は黄色ばんで落ち葉となり茶色に変色して、木の周りの地表に堆積していく。この落ち葉はその下に多くの虫などの小動物、落ち葉を無機物に分解する微生物を惹き寄せる。そして冬季になると、それ迄の活動を止めて休眠に入り、再び春が来るのを静かに待って、次の春季の活動の準備をする。

植物には、年中緑の葉をもつ草木、シダ植物、苔類、食虫植物など種々の形態のものがある。何れの植物であっても、周囲との情報交換を動物以上にしながら環境世界を築いているものと考えることができる。

生物にはその他に菌類、原生生物、原核生物がこの地球上には生息しているが、総ての生物はそれぞれの環境世界を有していると考えることができる。

(2) 環境世界の存在

現生人類である人間は「生の意識」において自己の存在を事実として確信している。その人間にとっての環境世界は、後述するが自然世界ともいう。環境世界の諸事物は物質や生物等からなっている。そして、人間が働きかけ作用する環境世界の中の物質及び生物は、人間が関わる限りのあり方で存在する。それ等の存在は人間の意識作用により生じている。また、人間の「知の意識」において、人間は生物の進化の末に誕生し、生物は物質の進化から誕生したものであるという認識及び理解がなされている。

現在の地球上の生物は、七七〇万種程の動物、三〇万種程の植物、六〇万種程の菌類の他に原生生物、及び原核生物から成り、全体で一千万程を超えると予想される。生物が物質と異なるところは、上述したように、物質代謝、自己複製及び適応の機能をもっていることである。逆にいうと、上記特有の機能を有するものは生物である。それが多様化して一千万種を超える程になっているのである。

・生物の実在性

人間は生物である。上述したように生物が進化の中で分岐し多様化してきたことは、地球上に残された化石から明白になっている。即ち、地球史を遡っていけば、人間も含む全生物は多様化とは逆の共通化を示すことになる。例えば、図6に示した系統的進化の例において逆行すれば、共通祖先が種々に現われてくるのである。更には、図5に示した系統樹の例では、全生物は起源生物のような唯一の生物を共通祖先として収斂することになるのである。

このように物質とは異なる生物特有の進化とその多様化を考えると、人間が現存することは曾ての共通祖先の存在を証明するものになり、この共通祖先の存在は人間の意識作用とは無関係な事実になる。そして、共通祖先の存在は、それから分岐した他の生物の存在証明になる。このような生物における存在の証明の連鎖は人間の意識を超越したものである。現在、起源生物の化石は見つかっていないが、殆どの生物は少なくとも原核生物と共通祖先にすることが事実として知られている。このことから、人間の存在は、人間と共通祖先を同じくする殆どの生物の事実存在を証明することになる。即ち、人間が存在することにより全生物は人間の意識作用とは無関係に、己自身のあり方で存在することになる。換言すれば、全生物はそれぞれの己自身の実在を確信しているのである。

・環境世界の実在性

人間の存在と同等に存在する生物は、具体的な例で示したように、各生物種に特有の環境世界を造り、その中に生存している。ここで、各生物は自己の環境世界との間で開放系を成している。〔B〕章三節で生物の基本的機能について考察したが、その中で、特に適応機能は環境世界と生物の間にある作用によって発現し、各生物の働きかけ、刺激反応及び変容によって、それぞれの生物の環境世界を築き上げている。生物の適応機能は上述した生物の進化の場合と同様に環境世界に大きく関わっている。

生物は適応機能によって行動する。これに対して人間は、主にその意識に従って即ち意識作用により行動する。ここで、人間の意識作用は生物の適応機能に含まれることになるが、そのことについては〔D〕章で詳述される。人間は「生の意識」によって自身の存在を確信していると上述したが、全く同じで生物もその適応機能により自己の存在を把握し行動している。また、環境世界はその生物と一体に和合している。そのため、各環境世界はそれぞれの生物にとって自己自身と同様に事実存在して実在することになる。そして、各環境世界の諸事物である物質及び他生物も、各生物にとって存在する物になる。

2　人間の環境世界／自然世界

(1)「生の意識」による世界

現生人類である人間は他の生物と同じ本性を有する。それが生きる（生存）を志向するところである。即ちそれは「生の意識」である。

生物は進化する。人類は、図6で説明したような系統的進化を通って、この地球上に出現した生物であり、生物史の中でその祖先である哺乳類の出現以来、二億年以上の永きに亘り環境世界と一体に生きぬいてきた。これこそが正に人間の「生の意識」の根源であり、現生人類のDNAに本能として深く刻印されているものである。そして、人類とされる初期猿人、猿人、原人、旧人が滅亡し、新人（ホモ・サピエンス）が出現するのであるが、この「生の意識」は、現生人類となる新人が言葉を獲得する迄は、他の類人猿と同様に濃厚のままであった。ホモ・サピエンスがその環境世界の具象を抽象化し概念と言葉を使用できるようになった時期としては、クロマニヨン人の出現する後期旧石器初めの四～五万年前頃が考えられるが、この頃迄は他の生物と同じに己れの環境世界と略一体になって生きていたと考えられる。

その後、現生人類は客体化した環境世界に対して「知の意識」を働かせるようになる。この「知の意識」については後述するが、紀元前九千年頃以降の農耕牧畜生活が始まる新石器時代になって、急激に増進し、逆に「生の意識」が縮小するようになって現在に至っている。現在の「知の意識」に支配されている人間の自然世界では、その「生の意識」による部分は曾て人類がもっていた本来のもの、即ち本能的といわれるものから変容しているのである。そこで、「生の意識」に、よるものを環境世界とし、「知の意識」によるものを自然世界とする。

人間は、視覚、聴覚、嗅覚、味覚及び触覚の五感を働かすこと即ち感覚作用によって、外部の情報を得ている。その他に人間は感受作用、知覚作用、感情作用等の種々の意識作用でもって環境世界に働きかけ、あるいは刺激反応をする。これ等の人間の意識作用については、次の⑵小分節及び〔D〕章を通して詳述されるが、心理的なものと生理的なものとが存在する。ここで、心理的とは人間のもつ脳を中枢にしている神経系を介することであり、生理的とは人間がもつ循環器系を介することである。上述した「生の意識」による部分の変化は、主に人類進化における心理的な意識作用の変容に因る。

人間の脳は大脳と小脳から成る。大脳は進化の痕跡を有する三層構造になっており、序論でも触れた様に脳幹等の生命脳、生命脳を包む大脳辺縁系、海馬等の動物脳、動物脳を包む大脳新皮質等の人間脳から成っている。ここで、生命脳は食欲、性欲、睡眠欲等を司り、動物脳と人間脳は、外部刺激に対して、それぞれ動物的反応と知性的反応を司る。また、小脳は身体の運動を司り、特に反射的な動作で身を守る上で重要になっている。「生の意識」における心理的な意識作用は生命脳と動物脳を主体に起こる。これに対して、「知の意識」は動物脳の情動である不安その裏返しの好奇心を始源とし、人間脳が主体で起こる。このような人間の脳にあって、本能的な作用及び反応をする生命脳、動物脳及び小脳は、進化した人間脳によって、本来のものから変容を受け減退しているのである。

何れにしても、「生の意識」による環境世界は、主体と客体が合一して、主体である己れと客体である世界が一体になる和合を根幹にして成り立っている。そして、人間の生理的及び心理的な意識作用は、環境世界の諸事物あるいは事象と主体との間に広義の共生の関係を造り上げる。これは、一般に生物が生き抜くための特有の適応機能によって造り上げる環境世界に通底している。即ち、この環境世界は事実存在し実在するものである。

この「生の意識」による環境世界は、言葉による抽象化及びその抽象化による世界の分別及び整理を必要としない。例えば、人間の知覚作用や認識作用のような意識作用において、現在の人間に知的といわれる薫習をなす言葉というものを排除した心理的な部分と、上述した生理的な部分とによって築かれるのが、「生の意識」による環境世界である。即ち、意識作用は具象的である。このため、生きぬく上で築き上げられる上述した関係及び生の意味は、人間の情報処理可能な具象世界で造られる。逆に言えば、環境世界は生の意味をもつ具象世界になっているのである。

(2)「知の意識」による世界

チンパンジーとの共通祖先から分岐した人類は、例えばアウストラロピテクスのように直立二足歩行を可能とするようになる。この人類の直立二足歩行こそが、地球の重力に抗して脳容量を拡大させ、更に発声器官を発達させる基盤となった。脳容量の拡大では、猿人のアウストラロピテクスの脳容量はチンパンジーと同程度の四～五百CCであったが、ホモ・ハビリスでは六四〇CCに増加する。その後、原人のホモ・エレクトゥスに到りチンパンジーの二・五倍程度になり、旧人及び新人では三～三・五倍程度に大きくなっている。

発声器官の発達は、鳥類が二足のもとに種々に囀るように、人類の発音を容易にしてその機能を大きく高めることになる。この発声機能の向上は、必要以上と思えるほどに高容量化した脳の神経細胞に作用するようになる。

また、直立二足歩行によって自由に使えるようになった両手は、例えば石器等の道具作りに用いられるようになり、道具の高度化の中でその繊細な動きが必要になっていく。これにより、脳の神経回路は増大すると共に、左右の脳の働きは密な連携がとれるように発達した。考古学上の時代区分として、人類の利器として用いられた石器による方法がある。即ち、前期旧石器時代、中期旧石器時代、後期旧石器時代及び新石器時代である。ここで、旧石器は打剥製の石器であり、打製方法が時代と共に進化している。新石器は打製法より高度化した磨製法により作製された道具である。このような石器の進化は、人類の脳機能の発達を示す痕跡になっているのである。

そして、人類のあり余るほどに高容量化した脳は、例えば前記石器を進化させるため脳の神経回路が形成されていく中で、上述した発声機能の向上に連動し、物事の概念と言葉とを獲得していくのである。そして、その後の言葉の飛躍的な発達が、自然界の中で人間を特異な存在にしていくことになった。

初めの言葉は話語であり、生活を共にする集団メンバー間における意思疎通、種々の情報伝達に重要な手段として用いられた。これによって、集団の各メンバーは共通の意識を容易に持つことができ、結束を強めることができた。この言葉の使用は、後期旧石器時代の人類であるクロマニヨン人には可能であった。その後、現生人類であるホモ・サピエンスは、言葉の使用により脳の神経回路を複雑にし、ニューラルネットワークのような脳機能を創るようになる。

そして、主体と客体の分離で生じた客体を知ろうとする「知の意識」が芽生えてくるのである。「知の意識」は、序論でも述べたように新石器時代に入り、農耕牧畜生活の社会になって強くなっていく。このような社会では、地球上の他の動物でも行う狩猟採集生活の社会に較べて、社会集団の規模は格段に拡大し、情報伝達に有用な言葉は洗練されていく。言葉は人間の外部あるいは内部からの表象を抽象化して表現する。そして、表象の具象性が削がれることによって、情報量が軽減され、脳の情報処理は極めて簡素化できるのである。

人類の言葉の発現は、新たな出来事に対応できるように拡大した脳を高機能化した。上述した三層構造の大脳に於いて、人間脳と言った大脳新皮質に、認知科学でいわれる言語中枢部いわゆる言語野となる部位が成長して、言葉に関わる脳内の神経回路が自己組織化するようになった。この脳内の構造の変化は、当然に遺伝子の変容を伴うものである。更に農耕牧畜生活の社会形態になり、言葉が洗練されてくると、言葉はそれに合わせた脳の自己組織化を促し、言葉を使った意識作用や意識内容が措定できるようになる。ここで自己組織化には、上述した脳内の神経回路の構築をいうソフト面と、言語野部位の成長をいうハード面とがある。前者のソフト面は、大脳新皮質で思惟等の意識の情報処理を司る前頭野、脳外からの情報の入力部である感覚野、その情報の処理後の出力部である運動野、情報の記憶部である記憶野等と、言語野との間の神経回路のつながり方である。後者のハード面は、言語野となる部位の拡大あるいは編成のことである。この言葉に関する脳の自己組織化は、その一部が遺伝子に刻み込まれて先験的になるが、学習という後天的因子に大きく依存しているところもある。

また、人類が石器に代わって銅、青銅、鉄等の冶金術による利器を創り出すようになる。そして、集団社会の中で階級が生じ社会構造が大きく変化する。それに併せて、紀元前六千年頃のシュメール文明、同四千年頃のエジプト文明と黄河文明、同三千年頃のインダス文明等の文明社会が現われる。それと共に、言葉の文字が発明された。この文字は、言葉を使った意識作用すなわち知性的作用や反応が可能になった三層構造の脳を集積化するようになるのである。例えば文殊の知恵といわれるように、複数の人間の脳の間で意識が共有されて、例えば思惟作用、想像作用、観念作用等の思量の能力が高められることになった。

このように「知の意識」は、人類が自然界を客体として把握するようになり、その後の人間の脳を支配した言葉により薫習された心理的な意識作用によって、引き起こされたものと考えることができる。この意識作用は客体化された自然界を知の対象とするものである。更には主体である自己をも知の対象にする。

自然界は本来的には具象である。しかし、言葉は上述したようにそれを抽象化する。その最たるものが数学記号である。そのために、「知の意識」による自然世界は端的には抽象世界になる。それは、言葉によって表象の具象性が削がれて分別され整理された世界である。ここでは、人間が働きかけて得た概念は、言葉にされて脳のニューラルネットワークの中で情報処理され経験概念になる。更に、この外界からの複数の経験概念は言葉を通して束ねられ、あるいは組み合わせされて、新たな概念である純粋概念が創り出される。そして、それ等の概念の間に種々の関係が構築され分別される。言葉は、この脳内の情報処理に使用されるだけでなく、複数の人間の脳内で並行的に使用できる特性をもっている。言葉は脳というコンピューターのプログラム言語になり、自然世界の共通化と人間脳の集積化を容易にしている。

「知の意識」による自然世界は言葉によって整理された関係を示す世界である。そして、この自然世界にある諸事物は、人間に無関係に創り出された自然造成物の他に、人間が道具として人為的に創り出した人工造成物によって成り立つ。人工造成物としては、旧くは石器、土器があるいは金属器等が創られ、現在では後述する科学技術による道具が極めて多量にしかも多種多様に造り出されている。そして、現在の人工造成物は自然世界に入り込み、自然世界を変質させ、あるいは破壊する危険性をもつまでになっているのである。

現在の人間は、自然界への働きかけによる経験科学として思量を発達させてきている。これによって、自然世界は種々の規則性をもつものとして認識及び理解され、整理される。この規則性は例えば自然法則として言葉により共通認識される。その際、特に数学の数学記号という言葉は有用である。数学は規則性を展開して、概念の間の関係を明示するのに適している。そのため、自然世界の中の自然法則には、その規則性を表現できそうな数学モデルが適用され、その中で推論などの論理展開がなされ、人間の未経験の予測もなされる。

人間は自然世界の規則性に焦点を当てて、自然世界に種々の経験科学の窓を設けている。この自然科学の窓は、「知の意識」を基に人間が自然科学に働きかけ、自然の本性がその働きかけに応答することによって開かれるものである。即ち、人間が自然と「共合」することにより自然を認識・理解したとしているのである。この「共合」については拙著「進化融合論」で論じているので参照して頂ければ幸いである。現在の人間はこの「共合」による自然科学とそれを基にした科学技術によって、自然世界の物質および生物の人為操作をするようになっている。そして、自然世界の自然造成物と同じあるいは異なる人工造成物を創り出している。この人間が創り出す人工造成物は、人間以外の生物にとっては自然造成物と区別されることなく、人間も含む生物の環境／自然世界の構成要素になっていくのである。

(3)　自然世界の存在

上述した環境世界の存在では、人間の存在および人間のもつ環境世界の中の諸事物の存在は、人間が「生の意識」によりそれを確信していることを理由にして肯定された。人間は古来より、哲学上の大きな問題として、物事の存在について思弁してきた。古代ギリシャではパルメニデス、アリストテレス等がよく知られ、古代インドでは六派哲学のニヤーヤ学派の人達が知られている。また、中世キリスト教世界の中でスコラ哲学者が、そして二〇世紀になってハイデガーが綿密に考察しようとした。一方で、カントは、「存在は事象内容を示す述語ではない」と明言している。何れにしても、自然世界の存在の概念は、人間の「知の意識」から生まれるものである。人間が自然世界に働きかけて得られる経験概念から、人間脳によって創り出された純粋概念が存在の概念である。

初めに、「生の意識」による環境世界は事実存在しているとした。これに対して、「知の意識」による自然世界は本質存在するものである。これ等の存在についても拙著「進化融合論」で考察しているので参照して頂ければ幸いである。

上述したように「生の意識」による環境世界は、即自的人間が一体になって生理的及び心理的に働きかけている世界であり、具象の世界である。この世界は、人間の共感あるいは共生という意識作用の下に造り上げられ、それに和合する人間と共に事実存在しているのである。他方で「知の意識」による自然世界は、人間が主体と客体を分離させ対自的になり、心理的に働きかけて得られる抽象の世界である。この世界は、言葉による概念で造り上げられ、人間の思量と経験科学とによって、その本質存在を現わすようになるものである。

経験科学である自然科学は、現存の自然世界の観測から過去の自然世界も推測する。人間は、四六億年程前に太陽系と共に誕生した地球の歴史、更に約一三八億年前に誕生したとされる宇宙の歴史をも、この自然科学によって解明しようとしているのである。その中で、生物が地球の太古から進化し、多様化して現在に至っていることは、「知の意識」における確信的な事実になっている。このために、上述した人間以外の生物の実在及びその環境世界の実在といったのは、人間にとっては本質存在の意味においてであった。

二　環境（自然）世界と適応機能

1　人間以外の場合

環境世界あるいは自然世界とは、上述したように人間を含む生物が、その特有の機能である適応機能によって自然界に働きかけ、刺激反応をし、ある場合には変容をして、その生物の周りに築き上げた世界である。以下、まとめて単に環境世界とも言う。

生物の適応機能は、外界との相互作用によって発現するものであり、自己と開放系をなす外界を相手に生を存続させるためのものである。〔B〕章三節3分節で説明したように、適応機能には、生物の外界への働きかけ即ち作用、外界に対する刺激反応そして自己の変容がある。

(1) 環境への働きかけ（作用）

生物は〔B〕章二節2分節生の作用で述べたように、その個体内部において種々の相互作用を行っている。このような作用は、例えば原核生物の単細胞を構成する原形質間に働く生命作用、真核生物における細胞構成要素間で働く共生作用や共働作用等である。その他に、多細胞生物における細胞間で働く統合作用があり、生物個体群社会で働く個体間の協力作用があり、更には、生態系で働く生物異種間の調和作用がある。この生の作用を生物における基本的相互作用とすると、これ等の凝集体あるいは集合体は環境世界との間で二次的相互作用を惹き起こしているのである。

例えば生命作用は、環境世界と生物個体との間で生存意欲を惹き起こし、個体が環境を自己の存続に適するように変えるという、二次的相互作用に繋がる。例えば蜘蛛はクモの巣を張り巡らす。モグラは土の中にトンネルを掘る。そして類人猿であるチンパンジーはアリ塚の中のシロアリを釣り出すための小枝を造成する。また、曾てのシアノバクテリアという原核生物は多くの酸素を作り出し、地球環境を酸素雰囲気に変えた。このように多くの生物は造成行動という環境世界への働きかけをとることで自己に適した環境世界を創り出している。

上述した生物の細胞内で働く共生作用および共働作用は、多くの細胞の凝集を惹き起こし、生物が群れを造る二次的相互作用の要因になっている。このために、環境世界の中で生物は孤立することがない。異種の生物であっても同種の生物であっても、生物の個体は互いに繋がりをもって生存する。それは、食物連鎖を創り出したり、逆に共存共栄の関係になったりする。これは広義の共生である。

そして、細胞有機体においてみられる統合作用は、環境世界に情報伝達物質を放散して、生物間を連携させる二次的相互作用の要因になる。例えば植物は花から香りを発して昆虫を呼び寄せ、受粉の手助けをさせて種を残そうとする。また、動物は臭い付けをして縄張りをし、動物間の無用な争いを避ける行動をとる。あるいは、嫌な臭いを発することにより捕食から身を守る生物が多く存在する。逆に好ましい臭いを発して、生殖の相手や被捕食を誘き寄せることが行われる。

更に、個体群社会や生態系のような大きな集合体で創発される作用すなわち協力作用や調和作用は、その集合体を含む環境世界に和合することのできる二次的相互作用を創り出す。これによって、生物は自己の環境世界と一体化することができる。

(2)　刺激反応

上述したように、全生物は己自身のあり方で存在し、各生物の開放系を成す環境世界は実在している。ここで、生物は、各環境世界の実在を把握し、そこからの種々の情報を取り込んでいる。そしてその入力情報に反応し、自己の存続に繋がるように行動する。それが生物のもつ環境世界への刺激反応である。

環境世界からの情報は生物のもつ生理的作用あるいは心理的作用を通して獲得される。生理的作用は生物内の内分泌物質や情報伝達物質により惹き起こされるものであり、心理的作用は生物内の神経伝達物質によるものである。

これによって、外界の刺激情報は大別して苦、楽、捨の三種類に加工される。苦は生物の存続を否定しようとするものであり、楽は生物の存続を肯定し、捨は苦と楽のどちらにも属さない感受である。生物は通常、苦となる情報源に対しては拒絶反応をする。例えば回避の行動がとられ、場合によっては攻撃的な行動がとられる。ここで、個体の生理的／心理的要因による変容が起こり、カモフラージュにより捕食者から逃れたり、捕食者を威嚇したりする。

逆に楽となる感受の場合には、その情報源に対して受容反応をする。例えば被捕食者を捕食して被捕食者と一体になる感覚が得られる。生物は楽のみの環境下では、生物の基本的機能である物質代謝で自己複製を際限なく働かすであろう。そして、その生物の環境世界はその生物によって覆いつくされることになる。

しかし、環境世界は多様になっている。人間のみから成る世界ではない。一種類の生物から成る世界ではないのである。多くの生物種を含むのが環境世界である。

そのために、各生物はその環境世界の中で苦楽捨となる刺激を交互に受けている。また、その程度も様々に異なるものになっている。このような外界刺激に対して、生物は試行錯誤しながら反応をする。これにより、生物の経験がその生物自体に刻まれる。即ち、上述した生物のもつ生理的作用及び心理的作用が、刺激反応によって影響を受け学習されるのである。

この生物の学習の働きは、特に捨を感受する場合に多く生じる。この感受は生物の存続に直接に関わることでなく、それが刺激反応により大きく影響されることもないからである。しかし、この場合の刺激反応の積み重ねは生物の学習の痕跡になり、自己の変容につながることになる。

この環境世界における生物の経験あるいは学習は、その中で生物の生きる意味を生物に知らしめる。それが生のつながりであり共生ではないだろうか。この共生のこころは原核生物から哺乳類の人間に至る全生物が本来共有しているものではないだろうか。

尚、刺激反応にはその生物の形質変容を引き起こすこともあろう。このような刺激はその生物を消滅させるほどの環境世界の変動から生じ、地球史の中にその痕跡を留めている。

2　人間の場合

現生人類である現在の人間は、上述したように「生の意識」と「知の意識」をその進化を経て併せもつようになった。そして、その自然世界は他の生物と異なり、多くの部分が言葉でもって抽象化され整理された世界になっている。しかも、人間は他の生物と違って、自己以外の他の生物を人為的に創り出し、自然造成物と同じ形質の人工造成物を自然界に混在させている。更に、物質操作あるいは生命操作といわれる科学技術により、これ迄の地球史に存在しなかった人工造成物を創造し、自然世界を変えることができる。この変化は、他の生物の環境世界に大きな影響を及ぼすものになってくる。

この自然世界も人間のもつ適応機能により築き上げられる環境世界である。ここで、人間の自然世界への働きかけ（作用）について考えてみると、生物の生命作用から派生した生存欲の作用は、人間における種々の欲望作用といわれるものになる。また、多くの生物が示す生存のための造成行動は、人間においては創造作用に相当するものである。

更に、適応機能における刺激反応の場合では、人間もその自然世界は存在していると確信し、自然世界から種々の情報を取り込んでいる。ここで、人間は五感による感覚作用、知覚作用等といわれる行動をとっている。また、この刺激情報を加工して感情作用または記憶作用の行動をとり、更には刺激反応の学習を通して、試行錯誤を特徴とする思惟作用あるいは想像作用の行動をとっているのである。

上述した欲望、創造、感覚、知覚、感情、記憶、思惟、想像等の作用は、人間の意識作用といわれるものである。このことから、人間の意識作用は生物の適応機能を根源としていることが推察できるのである。即ち、人間の意識作用は、全生物の特有機能の一つである適応機能に含まれるものであると考え得る。人間の意識には上記以外にも種々の概念を含むものが挙げられる。そこで、〔D〕章において生物の適応機構と人間の意識との関係が更に考察される。

ここでは、人間の自然世界と他生物の環境世界との間の大きな相違を引き起こす要因について考察を加える。〔C〕章一節環境世界とはの箇所で説明したように、人間以外の生物の環境世界では、諸事物及び事象は具象でありその生物が生きる上での意味を有するものになる。それに対して、人間の自然世界では、その中の諸事物及び事象は言葉による抽象像を通して、それ等の関係が整理される。そして、上述したように人間は生命操作によって人間以外の他の生物を創り出そうとしている。一般に生物は、自己複製という特有機能により、己と同種の生物をその環境世界に創り出している。しかし、異種の生物の創出は決してできるものではない。

この人間の自然世界と人間以外の生物の環境世界との間の相違は、その適応機能の違いによって引き起こされると考えるのが至当である。何故なら自然世界あるいは環境世界は適応機能によって築き上げられるからである。

この人間特有の自然世界は、〔C〕章一節において「知の意識」によってもたらされるとした。そこで、適応機能の視点に立って、人間の「知の意識」を考察する。序論でも触れたように人間の「知の意識」とは、知を志向するこころのことである。そして知とは結局は普遍のことである。この「知の意識」は人類が農耕牧畜の生活に入り時間的余裕がうまれるようになって強くなった。上述したように言葉を駆使し三層構造の脳を働かすようになっていた人類は、共同の社会の中で知を集積し、「知の意識」を急激に増強させるようになった。その中で、観念作用という意識作用が人間特異の適応機能として発現することになった。観念作用の特徴は、三層構造の脳を用いる心理的な意識作用にあって、そのニューラルネットワークの中で経験概念から純粋概念を創出し、更にこれ等の概念を組み合わせて新しい純粋概念を生み出すことである。更に、言葉である数学記号が用いられ、自然世界の規則性として、種々の数学記号が組み合わされ関係づけされる。

このように「知の意識」は、人間に観念という意識作用を発現させた。そして、観念作用こそが人間の自然世界を特異なものとする主要因になったのである。この「知の意識」はその他に人間特異の適応機能である意識作用を発現しているのである。〔D〕章では、人間の意識作用の全体が生物の適応機能との連関性の下に考察され、現時点で考え得る範囲でまとめられる。

D 生物の適応機構と意識

生物は特有の機能として、物質代謝と自己複製の機能および適応機能を有しており、これ等の機能が生命の基底を成している。ここで、物質代謝の機能とは、細胞という構造体が生の作用により、その生物の構成素材である生体高分子という物質を創り出すことである。また、自己複製の機能とは、生物個体が自己と同じものを造り出す増殖機能である。そして適応機能とは、上述したような環境世界および生物進化を創り出すことであり、それは生物に備わっている適応機構で生じる。

一　適応機構とは

上述したように、人間の意識作用は適応機能に含まれ、生理的なものと心理的なものがある。それに対応して、生物の適応機能にも生理的作用と心理的作用があると考えられる。そのために、生理的な適応機構と心理的な適応機構を考えることができる。

1　生理的な機構

生体内に備わる生理的な適応機構は、微生物の単細胞生物から動植物の多細胞生物に亘る全生物でみられるものである。この適応機構は、その構成要素として生体内分泌物質および核DNAを含んでいる。ここで、内分泌物質としてはホルモン・RNA等の有機化合物から成り情報伝達物質になっているものである。また、核DNAは細胞の働きを制御する司令塔になっているものである。

(1)　単細胞生物

原核生物、現生生物のような単細胞生物の場合、細胞内の核DNA等の原形質、細胞膜、膜外部組織等の間にあって、有機化合物から成る情報伝達物質がやり取りされる。これによって、細胞の外部への働きかけ、刺激反応、変容の適応機能が発現する。ここで、上記情報伝達物質は、物質代謝によって単細胞の個体内で生成されるものである。この情報伝達物質は細胞膜を通り抜けて、個体の外部に直接的に働きかけたり刺激反応をする。外部からの例えばメッセージ物質を核DNAで受け変容する。更に鞭毛のような外部組織を働かすことにより、外部からの刺激に対する反応行動をとることができる。外部からの刺激はその他に細胞膜を介する温度、圧力や物質濃度等により生じる。

この適応機能を発現する情報伝達物質は、〔B〕章二節2分節で説明した生命作用の創発に関係しているのであろうか。この生命作用は基本的相互作用であるとした。そして、適応機能のうち個体の環境への作用は二次的相互作用によるものとした。ここで、二次的相互作用は上記情報伝達物質を媒介にして発現することになると、基本的相互作用である生命作用も何らかの情報伝達物質を媒介にするものと推測される。

ところで、細胞における生命作用は、生物の基本的機能である物質代謝を発現するものである。この発現では、細胞内の種々の原形質間あるいは原形質と細胞膜の間において、生体高分子から成る情報伝達物質が遣り取りされ媒介になっているのは確かである。ここで、更に敷衍して、生命作用も何らかの情報伝達物質を媒介することにすると、結局は物質代謝は、情報伝達物質が二重に媒介することによって発現することになる。

これ等のことを考えると、生命作用というのは、例えば核酸のような高分子有機化合物の細胞構成要素が複数個凝集し、それ等の構成要素間において創発されるのであるが、ここで情報伝達物質が媒介にされることはないであろう。生命作用は化学結合力や分子間力のような物理・化学的相互作用が主体である。たとえあったとしても、それは物質代謝では生成されない別の有機化合物の僅かな媒介であろう。

(2) 多細胞生物

多細胞の細胞間では、各細胞の原形質は何らかの連絡を有している。この細胞間の連絡は、単細胞生物で説明した情報伝達物質により行なわれる。更には、血管、内分泌腺管等の循環器系が形成され、前記情報伝達物質はそれを通路にして細胞間を円滑に交換できるようになっている。この循環器系は、多細胞の機能分化が起こり、その生物の個体が種々の器官を有するようになってくると必要なものである。尚、植物や菌類では、上述したように道管及び師管といわれるような水分や養分の通路が循環器系の役割を担っている。

多細胞生物では、単細胞生物の場合の細胞構成要素間でやり取りされる情報伝達物質と細胞間で遣り取りされる情報伝達物質が存在する。ここで、細胞によって互いに異なる情報伝達物質が放出される。特に機能分化した異なる器官からは、器官特有の情報伝達物質が造られ、循環器系を通して他の器官へと情報伝達がなされる。例えば、動物の臓器である心臓、肝臓、腎臓、肺臓などの器官は、それぞれが異なる情報伝達物質を造り、器官相互間でメッセージ物質を交換し合い、器官の調節をし合っている。このようにして、多細胞生物は有機体として統合され、環境世界に対して適切な適応機能を発現することができる。

この情報伝達物質は個体発生においても重要な働きをすることが知られている。個体は細胞分裂により多細胞化するが、その機能分化が情報伝達物質によって行われるのである。例えば臓器の発生では、初めに形成された臓器が放出する情報伝達物質により、次の臓器が新たに造り出され、更にその新しい臓器が放出する情報伝達物質から更に別の臓器が形成されるという風になっている。ここでは、細胞分裂で産まれる新細胞（幹細胞）は、上記の情報伝達物質により新細胞の核DNAが起動されることで、特定の機能に分化している。

多細胞生物において、特定機能に分化した細胞であっても情報伝達物質であるメッセージ物質によって、その細胞の核DNAは変異を受け得る。この変異によって、多細胞生物は環境世界に適応するように変容することができるのである。

2　心理的な機構

この適応機構は神経系と神経伝達物質とから成る。生物は多細胞になり系統進化してきた。そして、生物のそれぞれの系統において、細胞有機体としての機能が高まるように変容している。その中で、上述した循環器系の発現に続いて、多細胞間を有機的に連携する神経系が創り出された。

動物にみられる神経系には散在神経系と集中神経系がある。散在神経系では、神経細胞（ニューロン）が体全体に散在し、その細胞突起を通して網目状の連絡網を形成している。これはヒドラ、イソギンチャクなどの刺胞動物にみられる。

これに対して、集中神経系では体の一部に神経細胞の集中する神経中枢が存在している。そして、この神経中枢から体の各部位に末梢神経が張り巡らされている。例えば扁形動物のサナダムシ、プラナリアは体の頭部に神経細胞の集団すなわち神経節を有し、この頭神経節から前後に伸び更に横方向にも連絡できる神経線維の束を備える。また、ミミズ、ゴカイ等の環形動物の場合、体の前後の方向に複数対の神経節が形成され、それ等の神経節から縦横に神経線維束が張られている。ここで神経節及び神経線維束はそれぞれ神経中枢（中枢神経）と末梢神経に相当する。

更に、集中神経系では、複数の神経節が癒合し中枢化して、一つの脳として発達する場合がある。その例が節足動物の昆虫類、軟体動物のタコやイカ等の頭足類にみられる。尚、軟体動物であっても、カタツムリやナメクジ等は環形動物の場合と同様な集中神経系のままである。

多細胞生物は、大別して繊毛をもった単細胞の真核生物から進化した系統と、鞭毛の形質をもった真核生物からの系統と、に分類できるように思われる。上述した刺胞動物、扁形動物、環形動物、節足動物、軟体動物は全て前者の系統に属する。これに対して、後者の系統の多細胞生物では鞭毛の痕跡が脊索から脊椎として残った。そのために、この多細胞生物では、脊椎動物にみられるような神経管が特徴的に発現することになる。これは管状神経中枢を成し、その最先端が脳として発達した。そして、脳及び脊髄を中枢神経系とし、この中枢神経系が体の諸器官に末梢神経系を介して連絡する集中神経系ができ上がった。このような神経系の原始的な形態はナメクジウオのような原索動物にみられ、ヤツメウナギのような円口類になると脳の脊髄が区別できるようになる。そして、図6で説明した系統的進化の中で、生物個体の形質変容と共に神経系も変容している。その中で、現在の人間の脳は、他の生物に較べて異常な程の発達をしているのである。

上述した散在神経及び集中神経において、刺激の興奮を伝達する神経細胞が最も重要な働きをする。神経細胞は、神経細胞体とその細胞体から出る細胞突起を有している。細胞突起は二種類あり、長い神経突起（軸索）と短い樹状突起である。神経突起は一本で細胞外からの刺激を受け取り、細胞内に生じた刺激による興奮を伝達する。この神経突起は神経線維束となり末梢神経を構成するものである。ここで、神経細胞間の連絡は、基本的には一本の神経線維と他の神経細胞の樹状突起とのシナプスと呼ばれる接合部で行われる。同様に、末梢神経から体の諸器官（例えば筋性器官、腺性器官、感覚器官など）との連絡も、神経線維末端と諸器官側線維との結合部で、上記シナプスと同様のメカニズムでなされる。

このような神経系において、情報を伝達する神経伝達物質は、電気伝導の物質と化学伝達の物質である。電気伝達の物質とは電荷をもつ物質であり、電子やイオンである。刺激による興奮の伝導は電気伝達物質の変化すなわち電位パルスという電気信号により行われる。これによって、体の諸器官と中枢神経の間の刺激情報は、末梢神経を信号通路にして短時間で伝達される。

これに対して、化学伝達物質は、上述したシナプス及び神経線維（末梢神経）並びに諸器官間の接合部において、興奮の伝導すなわち刺激情報を伝達する。化学伝達物質としては、ドーパミン、アドレナリン等の有機化合物がよく知られているが、数多くの物質が同定されつつある。

このような化学伝達物質及び電気伝達物質から成る神経伝達物質は、生理的適応機構の場合の有機化合物から成る情報伝達物質と同じであり、外界に対して種々の刺激反応を惹き起こす。更に、外界である環境世界に働きかける場合にも、神経伝達物質は多細胞動物が統合的あるいは有機的に活動できるように作用する。また、この神経伝達物質は、例えばカメレオン、タコ等にみられるように、個体表面の色や模様のような形質を変容させる。このような変容は多細胞の植物において、その葉や葉柄にもみられる。そして、植物は自己の花粉を認識して排除して近親交配を回避することがよく知られている。これ等のことから、植物も動物に似たような神経系を有している可能性がある。

3　意識（心）について

〔B〕章一節生命観の歴史のところで触れたが、有史以前の人類は、自然世界の諸事物を擬人化して霊魂がそれ等に宿ると考えた。また、人間も同様に霊魂を有しているとされ、古代ギリシャや古代インド世界では、霊魂すなわちこころの実在が種々に考察されている。古代ギリシャでは、ヒポクラテスは心が脳にあるとし、プラトンは脳と脊髄に宿るとし、アリストテレスは心臓に存在するとした。古代インドでは、全生物にアートマンが存在して輪廻転生するものであると考えられた。

その後、古代インドのウパニシャッド哲学の一部が仏教哲理に取り込まれ、例えば認識論の境地を極めたとされる唯識思想の中では、心は阿頼耶識（アーラヤ識）と末那識（マナス）と六識の立体構造からなるとされた。また、西洋哲学においては、古代ギリシャ以来認識論上では観念論と実在論の立場が種々に展開され、それと共に人間の意識あるいは心が取り上げられた。そして、思弁の哲学に代わって、人工造成物を創り出し人間生活に高い利便性をもたらす経験科学が幅をきかしている現在では、脳死が人間の死とされ、それと共に人間の心は恰も無くなるように考えられている。そして人間の臓器移植が平然と行われ、更に再生医療に用いるための臓器が他の動物によって創り出されようとしている。これ等のでき事は、唯物論に立つ生命科学が言うところの、心は脳という臓器に宿るとする考えを人間が広く受け入れていることを示している。しかし、このような経験科学は必ずしも真理を語るものでないことに留意していなければならない。

本書では、人間の意識作用は生物の基本的機能の一つである適応機能から派生したものであるとの考えの下に、心は上述した適応機構であるとする。即ち、心とは核ＤＮＡ、有機化合物の情報伝達物質あるいはその通路の循環器系または神経伝達物質とその通路の神経系であって、これ等の伝達物質が活動している生理的／心理的な適応機構になる。

このことから、全生物は心を有することになる。当然に人間も心を持ち意識を有している。ここで現在の人間も他の生物も、例えば始源生物を根源として系統進化してきた生き物である以上、それ等の心に共通するところが見い出せる筈である。また、人間の特異な意識、例えば「知の意識」もその起源を幾らかでも遡って考察できるのではないだろうか。このような視点から、次節において人間の種々の意識について取り上げ考察してみることにする。

二　人間の意識

人間は言葉によって意識の概念を表現する。その言葉には日常言語、哲学言語、科学言語あるいは数学言語が用いられる。以下では、日常の用語として使用される言語でもって、種々の意識が表現される。これ等の意識は心のうちのある様態である。人間の意識には数限りない言葉が当てられている。例えば、生存、共生、感覚、知覚、共感、欲望、感情、認識、思惟、想像、記憶、観念など枚挙に暇がない。以下、主だった意識を取り上げることにする。

1　他の生物にもある意識

生存……人間の場合のこの意識は、普段では生じることのないもので、例えば、死に直面するような異常な事態になって自覚されるものである。この意識は正に生を志向する心である。この心すなわち適応機構は、5界説で言う原核生物界、原生生物界、植物界、菌界及び動物界の全生物に備えられている。生物の細胞は、有機化合物からなる情報伝達物質を単細胞内あるいは多細胞間で交換して生きている。即ち生存をしている。これが生存の心である。生物において、生命はその機能という属性であり階層構造を成す。生命機能の基本層は物質代謝になるが、これは全生物によってなされる生存意識の結果である。ここで、生存意識は生命の階層構造によってその形態を異にするのであろう。尚、上述した生理的及び心理的な適応機構が複雑化し組織化される程、その生物は階層構造の上位層にあると考える。そうすると人間は生命の最高位にあることになるが、上述したようにその生存意識を鈍化させているのである。

感覚……人間の場合のこの意識としては、視覚、聴覚、嗅覚、味覚、触覚の五感覚が刺激情報の入力として知られている。これ等の感覚は、それぞれの感覚器官を刺激情報の受容部として、神経系との接合部を経て、その興奮のインパルスとなり中枢神経系をなす脳や脊髄に伝達される。また、このような心理的適応機構の他に、上述した生理的適応機構も同時に働いていると考え得る。例えば嗅覚、味覚、触覚では、有機化合物の情報伝達物質が血管などを通路にして脳や脊髄に伝達される。そして、入力された刺激情報は中枢神経系において知覚作用を受け人間の表象になる。尚、感覚の意識は、情報の出力部に相当する諸器官にも関連して生じ、身体の運動感覚や平衡感覚も該当する。

この感覚という適応機構は、その機能に大きな幅をもつが、生物の総てに備えられている。動物では、五感の能力や身体能力が人間より優れる生き物は多数種にのぼる。また、植物でも、この心は明らかに確認される。例えば、向日葵のように陽光に屈光あるいは傾光する植物は、その心に従って反応しているのである。更にオジギソウ、シロイヌナズナあるいは食虫植物は、外部の刺激を受容する受容部を備えており、その刺激情報に対して反応することがよく知られている。菌類でも植物の場合と同じ様な刺激反応が見られる。同様に、適応機能である刺激反応をする原生生物及び原核生物も何らかの感覚を有しているといえる。

知覚……中枢神経系をなす脳に伝達された刺激情報は、例えば感覚野のニューラルネットワークにおいて意味ある像にまとめられる。即ち、赤いリンゴというような事物の表象が、感覚として脳に伝達された入力情報によって形成される。この場合、脳の記憶部位にある情報も活用され、多くの神経伝達物質と共に有機化合物の情報伝達物質が活動する。このようにして表象の形成される心の様態が知覚という認知であろう。

この知覚の意識は、脳という中枢神経系を有する動物、例えば昆虫等の節足動物あるいは軟体動物の頭足類、脊索動物以上の高位階層にある多くの動物種が備えるものであろう。尚、神経節を有する環形動物や扁形動物あるいは散在神経系の刺胞動物は、感覚による刺激反応を活発にすることができる。しかし、これ等の動物は知覚を有さないのではないだろうか。また、植物や菌類も確かに刺激反応を示す種が存在するけれども、神経系を有することがなく知覚の意識はないのであろう。

共感……人間の共感の意識は、事物あるいは出来事に共鳴し、それ等と一体になる情動を伴って生じている。この情動は三層構造の脳にあって動物脳と言われる部位で生じるとされる。これは、通常生理的変化を伴う強い感情であり、生存にも密接に関連し、生を志向する心をなしている。しかし、この様な心は現在の人間では縮小してきており、普段の生活では現れ難くなっている。その発現は、例えば人が酩酊し本能的といわれる状態になったり、音楽や絵画あるいは外界の強い刺激媒体に接する場合にみられる。前者は人間脳からの抑制呪縛が解かれるからであり、後者は、上述した感覚という刺激情報が人間脳の他に、直接に動物脳に達するためである。但し、この共感の意識は、諸事物や出来事に対する感受という認知も伴っている。これ等から、情動と認知とかが連動して起こるものと考えることができる。共感意識は、結局は情動の心を有して、更には何らかの認知の心を示す高位階層の動物により生じているのではあるまいか。哺乳類、鳥類、爬虫類、魚類、そして軟体動物の頭足類は少なくとも含まれると考えられる。

欲望……人間の欲望の意識は、生命の機能維持、不安の裏返しである好奇心、集団社会での存続等、を満足させる欲求である。生命維持の欲望は、三層構造の脳の生命脳で生じるとされる食欲、性欲及び睡眠欲である。生命脳は上述した神経管の最先端に位置する脳幹であり、人間の多岐に亘る欲望の根源をなしている。そして、好奇心を満足させる欲求は「知の意識」の根源であり、生命脳を覆う動物脳で生じる。また、人間社会に根ざして生じる例えば所属、地位やお金等の欲求は、動物脳を覆っている人間脳で生じる。

結局は、欲望の意識は人間が生存していくために、環境に働きかけあるいは反応するための動機付けになっている。このような心は全ての生物に備わっているといえる。例えば細菌のような単細胞生物であっても、その基本機能である代謝あるいは自己複製が抑制される環境に置かれると、その抑制を解除しようとする適応機能が発現するからである。

感情……人間のもつ感情意識は極めて多種多様であるといえる。そこで、ここでは他の生物も有すると思われる感情を取り上げることにする。尚、人間に特有と思われる感情は第2分節の人間に特有の意識で改めて考察する。

人間の感情は、外界の事物あるいは出来事を対象にして生じる場合と、自己自身を対象にして生じる場合とがある。前者では、対象感覚により察知した後に脳内で知覚し、その後に感情が現われる場合と、対象の知覚の無いままに情動という感情が生じる場合とがある。この情動については上述したように動物脳で現われるが、一時的で最も激しい感情が、例えば怒り、恐れ、不安あるいは性愛歓喜の激情として表出する。情動は、生存に密に関わるもので、感覚を経て知覚なしに瞬時に感受されるのである。これに対して、知覚を経た感情は、例えば愛憎、嫌悪、悲喜、驚嘆、美醜など数限りない人間の気持ちの現われである。これは、情動に較べて穏やかであり持続的な感情であり、脳のニューラルネットワークの中で形成される。尚、情動もこの人間脳の中で抑制されたものに変化することもある。

前述した自己自身を対象にして生じる後者の場合では、外界を対象にする場合のような外部情報入力即ち感覚と認知を経る必要はない。ここで生じる感情は、自らを顧みるこころ即ち自省心の結果から湧くものであり、満足感と不満足感を基底に置く。例えば、誇らしい、恥ずかしい、楽しい、快い、苦しい等多くの感情表現がなされる。

人間の情動は感覚と感受を経て表出する。ここで、感受は知覚と異なる認知である。この認知については第3分節人間に減退した意識で考察する。共感の意識で述べた様に、哺乳類、鳥類、爬虫類、魚類及び頭足類は情動の心を備えている。尚、情動は好奇心とか冒険心を含むと考えられる。ここで、これ等の動物は感受に類似の認知を有していると考えるのが自然の条理に沿うのでないだろうか。それでは集中神経系と脳をもつ昆虫等の節足動物あるいは脊索動物の円口類はどうであろう。結論的にはこれらは身体の変化を発現しないことから、何らの認知を有することがない。通常、情動は身体の変化即ち表情と共に表出する。

人間の知覚を経た感情は、少なくとも認知機能をもたない植物界の生物に現われることはない。これに対し、認知機能を有する動物では、その感情の種類によって該当する動物は異なってくる。例えば上述した愛憎、嫌悪、悲喜、驚嘆等の通常の喜怒哀楽の感情は、少なくともサルなどの霊長類以上の階層の動物あるいはイルカなどの鯨類には備わっている。また、犬や猫、ライオン等の大型ネコ類あるいは大型肉食動物、ゾウ等の大型草食動物であっても、人間と同種類の感情は備わっているであろう。感情も欲望と同じように生き物の行動の動機付けになる。そのために、鳥類、爬虫類、魚類及び頭足類のような動物も、人間の前記感情の中で生存に関わる感情、例えば子への愛情、驚き等を有する。

それでは、人間の自己自身を対象として生じる感情は、他の生物にもあるであろうか。この場合の感情は人間の自省から生じるとした。この自省は全生物に敷衍するとフィードバックである。即ち生物自身の中での情報伝達物質あるいは神経伝達物質のフィードバックである。これは神経系もなく認知機能も持たないが、有機化合物からなる情報伝達物質のやり取りあるいはフィードバックが可能な生物において起こる感情を否定するものでない。例えば、或る種の植物は音楽にふれてその成長を促進させる。これは植物に快い感情が表出していることを示す。この場合、植物は必要な有機化合物の円滑な流れによる満足感をもっているのである。このような感情は、動物、菌類、原生生物及び原核生物にも生じていると考えられる。

認識……認識とは物事に分別を加えて何らかの判断をする心の様態である。そして、この認識があって身体の動きを伴う行動が起こる。即ち、認識による情報処理は、身体を動かす神経伝達物質あるいは情報伝達物質を刺激及び制御するようになっている。

上述したように、知覚は感覚という刺激情報から、外部に現前する物事について外的な表象を得る。また、人間の有する自省のこころは、記憶されている種々の意識内容から、その自覚を通じて内的な表象を得る。ここで、記憶された意識内容とは、上述した知覚、欲望、感情、認識あるいは以後に述べる思惟、想像、観念などの意識における過去の記憶内容である。

認識における分別とは、前記外的あるいは内的な表象を整理し分類することになる。そして認識における判断とは、その分別により行動に移せる確信をもつことにある。このような認識は、大脳及び小脳の記憶部位に蓄積されている個人の過去の経験、即ち記憶経験に基づいてなされる。

記憶経験には過去の認識あるいはそれによる行動の結果が含まれている。ここで、記憶経験は情報伝達するニューロンの繋がり方によりパターン化され、大脳及び小脳の記憶部位で記憶内容の出し入れができるようになっている。そして、その認識はその表象と共に分節され分類されて、上記の記憶部位に格納されている。この記憶の科学的リアリティは未だ定かになっていないが、実体論的にはニューロンの繋がり形態が、認識の要素分節を分類し、その不揮発性メモリとして機能しているのであろう。

個人の新しい経験における新たな認識は、主に外的対象の新たな表象に対して行われる。ここで、新たな表象は、記憶部位に格納されている記憶経験の中で過去の認識と対照され、その表象に新たな認識が与えられるのであろう。尚、認識要素の分類は、累積されることになる新たな認識により柔軟に変更できるものであって可塑的でもある。また、この認識における分類あるいは記憶における経験の分節の仕方では、基軸の所は遺伝によって先験的な枠組みとして設定されているのであろう。

このような認識という意識にあって、言葉あるいは言語は記憶情報の処理にとって都合のよいものになっている。人間の場合、具象的である表象は概念によって抽象化されコンパクト化され、更に言葉で表現される。この言葉は記憶情報のタグ（名札）になり、情報量を大幅に低減させる。また、認識における新旧の表象の対照では、情報量の多い具象にかわって、情報圧縮された抽象のタグによって比較処理が行える。このために広い範囲に亘る情報処理が容易になり、認識の範囲の拡大あるいは認識の精度の向上等、認識機能は大幅に高度化する。この言葉の効用は、後述する思惟、想像及び観念という思量にとって特に顕著に現われるのである。

知覚の意識でふれたように、脳という中枢神経系をもつ動物は認識の意識を備えているであろう。しかし、認識の機能は動物種によって大きく異なっている。例えば、蛾のハチノスツヅリガという昆虫の聴力は、高周波領域が人間の二万ヘルツに対し三〇万ヘルツあるといわれる。そのため、その昆虫の環境世界の認識では、音の世界が人間の場合より大きな拡がりを有し、高精細な認識が可能になっている。また、人間の百万〜一億倍になる嗅覚に優れた犬は、臭に特化した認識機能では人間より遥かに高度なものを有する。

感覚の意識でふれたように、全生物は外部情報を何らかの形で入力している。そして、その刺激情報に対して反応をする。例えば、オジギソウという植物は接触されると葉や葉柄を順番に収縮させる。また、シロイヌナズナは自身の葉が食べられると、除虫効果のあるからし油を分泌する。これ等は正に刺激反応であり、植物の適応機能であることを示す。しかし、上記動物以外の生物は認識の意識をもたないであろう。尚、人間の認識に類似しない認知のメカニズムを全否定することはできない。これについては次の第3分節で考察する。

思惟……思惟の根源は比量すること即ち推理である。曾て、明確な概念も言葉も持たなかった人間は、経験の認識を経て身体行動に移して刺激反応した結果について、例えば狩りの失敗や成功について、感覚及び知覚を通して再び認識することを繰り返していた。ここで、前者の認識と後者における認識との間は強く連関している。そのため、認識された二つの経験の繋がりが試行錯誤に推理されることは必然であった。例えば、狩りの失敗の原因について二つの認識要素の比較がなされ、推理された。このような環境世界への適応こそが推論という思惟を発現させたのであろう。

人間の推論では、二つを超える複数の出来事の間にある関係が多重的に比較される。例えば上述した因果関係、従属関係、矛盾関係等が定められる。そして、この思惟の結果は通常ではその後の行動に反映される。この思惟にあっては、思惟される出来事は少なくとも一時的に記憶されて、脳内に保管され思惟ループの中で処理される。

思惟作用は脳の神経細胞の試行錯誤の繋がりによって発現する。ここで、ニューラルネットワークにおける情報処理はフィードバック制御を通して行われ、出力情報の検証がなされる。この検証が行われる点は後述の想像意識の場合と異なる。また、記憶された情報には経験からの刺激情報が含まれている。この点が後述する観念意識の場合と大きく異なるところになる。

人間の言葉の獲得は思惟作用にも大きく影響している。認識のところで述べたように、言葉は具象の表象を抽象化し、外部情報及び記憶情報の名札になり、情報圧縮をして多くの情報処理を容易にしている。そのため、人間の思惟では、推論の範囲及び精度が大きく進展している。例えば、演繹や帰納の論理展開、分析及び綜合、比較と整理などと多様で高精細な思惟がなされる。これ等の思惟の科学的リアリティとして、二値論理のコンピュータ演算には無い多値論理の情報処理が、例えばＡＩ（人工知能）といわれるように、数学的及び実体論的に種々の検討が進められている。しかし、人間の思惟における神経細胞の繋がりとニューラルネットワークの活用は、人工造成物の中で再現できるものではないであろう。思惟における脳の働きは神経伝達物質の他に有機化合物からなる情報伝達物質によって可能になっていると思われる。この情報伝達物質は、血管を通して神経細胞の他部に運ばれ、神経細胞の繋がりに影響を与えているからである。何故なら、思惟を持続させ深めようとすると、直ちに胃に影響が出て胃酸の分泌が増える。これは必要な有機化合物の摂取を促すことを示している。

思惟作用にあっても経験及び記憶が重要である。ここで、学習は人間の他に多くの動物の成長時にみられ、思惟にとって極めて有効な経験になっている。思惟の根源は二つの事柄の間の関連性を探る推理であるとしたが、記憶機能をもつ動物ではこの思惟作用を発現させる生き物が多くみられる。

例えば、カラスは道路にドングリを落とし、人間の車がその堅い殻を割るのを待って、実を採食する行動をとる。これは正に類推という推論の表出である。また、鯉のエサ釣でわかるように、大物は賢く釣り上げが難しい。これも餌と身の危険を関連付ける魚の思惟作用の現われを示すものであろう。これ等は人間にとって低レベルの推論になる。

一方、サルのような霊長類やチンパンジーのような類人猿になると、採食において堅実の殻を割るための硬い石やその形を選択したり、アリ塚の蟻を釣り出すための草木の小枝を加工する行為をとる。これ等は間接的な二つの事柄を結びつける推論であり、人間の思惟レベルに近いものになっている。

思惟の意識は、脳をもち上述した知覚及び記憶が可能な軟体動物あるいは脊索動物以上の高位階層の動物種に備わっていると思われる。しかし、植物や菌類にはこのような適応機構は無いとしてよい。

想像……想像とは心が外的あるいは内的な刺激媒体によって、刺激媒体の表象とは別の表象を誘起している状態である。人間では例えば想念、想起、連想、空想、夢想、幻想、妄想、瞑想等と多くの表現が用いられる。人の脳における想像作用は、知覚、共感、欲望、感情、思惟など他の働きの記憶内容に基づいて創り出される。あるいは、想像の働きの上に更に別の想像作用が重ねられる。このため、多くの記憶内容が想像作用の素材として再生され、適宜に組み合わされて、種々に表現される想像作用が発現する。

想像作用は脳の神経細胞によるニューラルネットワークの中で誘起される。ここで刺激媒体は脳の記憶部位に格納されている記憶内容を活性化し、刺激媒体を表象するニューラルネットワークに前記記憶内容を再生させている。このネットワークにおける情報処理では、上述した思惟の場合に必要であったフィードバック制御による出力情報の検証は不要である。そのために、出力情報となった想像内容には、例えば空想や夢想のように、これ迄に経験しない心象あるいは非現実的な想像表象の誘起が可能である。想像の刺激媒体としては、外部対象物あるいはその認知を通した外的表象、そして欲望、感情、思惟等の記憶や自省で生じる内的表象が考えられる。ここで、人間の場合の認知は知覚や感受のことである。また、具象を抽象化する言葉や図柄は、それが記憶内容であれ外部対象物であれ、人間の場合には多くの想像を誘起する刺激媒体になっている。この場合には、ニューラルネットワークの情報処理の高速化や多機能化に有効であるこれ等の記号に、想像によって多くの具象性が付与されるのである。

想像意識をもつ生物は、少なくとも記憶の機能を有し、記憶内容を再生することのできるものである。そして、刺激媒体を知覚できることが必要である。それは軟体動物の頭足類であるタコやイカ、そして魚類を超える両生類以上の高位階層の爬虫類、鳥類、哺乳類ではないだろうか。

記憶……記憶という意識は、人間の外部と内部の全ての経験を対象にして、その内容を保管することである。内容保管が時間的に長い場合は長期記憶といわれ、短いものは短期記憶といわれる。前者は生存に深く関わるもので、一度の経験で略一生のあいだ残存する。後者は学習の程度に依存するものであり、時間経過と共に消滅する。

記憶の内容は、外部経験を基にした生存、感覚、知覚、共感、欲望、感情等の意識、内部経験を基にした欲望、感情、認識、思惟、想像、観念等の意識に関する内容である。ここで、前者の意識内容は外部対象物から一時的に惹き起こされるものであり、後者は人間の心で生成された表象を対象にして惹き起こされた意識内容である。そして、一般に前者の意識に関する記憶は長期記憶になり易く、三つ児の魂百迄の諺の如く、若い頃の一度の経験は高齢になっても鮮明である。これに対して後者の記憶は短期記憶のようである。

記憶の意識により記憶部位に格納される記憶内容は、人間がもつ全意識の発現における素材として重要である。特に人間の想像では、上述したように記憶された多種の意識内容が用いられる。思惟の意識では、認知心理学でいわれるワーキングメモリという揮発性メモリが継続的に使用される。また、認識では、記憶内容が書き換え可能な不揮発性メモリに格納されている記憶内容が用いられる。人間の記憶部位は、三層構造の大脳の広範囲に配置され、小脳では身体の活動に深く関係して高容量化されている。

長期記憶では、所定のニューラルネットワークが編成され固定している。そして、あるスイッチによりその記憶作用が発現される。これに対して、短期記憶には神経細胞の繋り方に種々の形態があると考えられる。例えば思惟意識で使用されるワーキングメモリでは、感覚野、感覚性言語野及び思惟の情報処理をする前頭野の間に形成された思惟ループにあって、恰もキャッシュメモリのような働きをする複数の神経細胞の繋がりが断続的に変化する。また、ニューラルネットワークにおいて、一部の神経細胞の繋がりが断続的に変化する場合もあるだろう。記憶における神経細胞の繋がり方には、その他に種々の形態があるであろう。ここで神経細胞間の接合部であるシナプスで放出される有機化合物、あるいは血管を通して脳内に運ばれるシナプス近傍に集まる別の有機化合物等により、神経細胞の繋がりは自在に変化できるのである。

記憶作用は生物にとって生存のために極めて重要なものであろう。脳という中枢神経系を備える動物は、程度の差はあっても人間の場合と同じ様な記憶意識を有する。また、脳までの発達していない神経節を備えるプラナリアのような扁形動物、更にはヒドラのような散在神経系の刺胞動物であっても、何らかの記憶意識はあるのかもしれない。しかし、循環器系はあるが神経系を有しない多細胞生物は記憶意識を持たないとしてよいであろう。ところで、生物の適応機構の構成要素として核ＤＮＡが含まれることを考えると、全生物は広義の意味で記憶意識を備えているともいえる。核ＤＮＡは全生物の進化を保存し記憶しているところだからである。

2　人間に特有の意識

観念……この意識は、外部情報を遮断した状態における思惟である。即ち、外界からの生の情報が途絶え、人間に薫習された加工情報のみによる思量であり、一般に思弁といわれる。

ここでは言葉が特に大きな役割を持つ。外部情報から創られる経験概念に代わって、主に言葉によって形成される純粋概念が用いられる。この純粋概念は、外界からの経験により得られる多くの経験概念が言葉を通して束ねられ、あるいは組み合わされることによって、人間の偏見を受けて創り出されるものである。人間は感覚を通した外部情報から具象性のある外的表象を知覚により取り込んでいる。そして表象は人間の概念及び言葉によって抽象化され、脳の多様な機能により例えば認識、記憶、思惟、想像等の作用を受ける。その中で、人間特有に薫習された概念が創り出される。これが純粋概念である。

この純粋概念は言葉で形成され、この純粋概念による推論、分析、綜合、組合せ、論理展開等の思惟作用、即ち観念作用が可能になるのである。ここで、言葉としては日常の言語、哲学言語、数学言語の他に、時には科学言語が用いられる。そして、人間という生き物は、この観念の意識を強めて、人間の自然世界に普遍という知を求め、それによって自然界を抽象化の下に整理しようとしているのである。その中で、他の生物にとって有害な科学技術による人工造成物が種々に創り出されている。

観念作用は、人間の脳の前頭野と言語野の間の思惟ループで試行錯誤に行われる。この思惟ループにおけるニューラルネットワークでは、言葉の情報が前頭野で加工され、新たな純粋概念が形成されて言語野で言語化される。ここで、ニューラルネットワークにはワーキングメモリが設けられ、情報の一時保管ができるようになっている。また、情報加工ではフィードバック制御による情報検証ができるようになっている。

自省……自省の心は、思惟作用に矛盾が生じている状態であり、上述した人間の種々の意識、例えば知覚、欲望、感情、認識、思惟、想像、観念などの内容について省みる。それが自らを顧みるという自省作用である。この矛盾というのは、思惟作用の結論に則して行動した結果が思惟作用の結論と不整合であり調和しないところにある。

自省の意識は、人間の論理、道徳あるいは宗教心として表出している。更に、人間の思惟等の思量により創出される人工造成物が自然世界を破壊していく矛盾に直面して、新しい自省の意識が求められている。現在それは本来の人間の意識すなわち「生の意識」あるいは減退している共生の意識について、それ等の内容を顧みて明らかにしていくことではないだろうか。

人間がもつ煩悩、善悪、疑念、後悔などの意識は、正に自省作用によって発現するものであり、宗教心に密に繋がり易い。そのために、自省の意識は例えばキリスト教信者の祈り、あるいは仏教徒の禅定等の場面において顕著に現われる。しかし、この意識は程度に差があっても全人間に備わるものである。そして、人間の社会には道徳、格率など行動規範が種々に作られている。これ等は人間の自省意識から派生したものである。また、例えば慈悲、慚愧、驕慢、劣等など人間特有の感情は自省作用の結果から発現するのであろう。

3　人間の減退した意識

感受……外部からの刺激情報を認知する適応機構になる。現在の人間は、感覚において受容部で察知した刺激情報に対し、知覚を通して認知することを通常としている。この認知は三層構造の脳の人間脳で発現する。しかし共感あるいは感情の説明で触れたように、非常時にあっては上記刺激情報は動物脳で認知されることがある。これが感受であるとした。これによって人間は情動とか共感とか本能的といわれる刺激反応を表出させる。

適応機能で述べたように、例えばオジギソウ、シロイヌナズナあるいは食虫植物は明らかな刺激反応を示す。そして、他の植物であっても外部刺激に対する反応は、その強弱に差があるものの現われる。更に、現在の科学による経験では、植物の刺激受容部で察知された感覚情報は、有機化合物からなる情報伝達物質により必要な部位に伝達され、その伝達によって刺激反応する例が明らかにされている。例えば植物が近親交配を避けるための自家不和合性と呼ばれる仕組みでは、自己花粉が雌しべの表面に付着すると、そこで察知した所定の有機化合物が情報伝達する。そして、自己花粉の精細胞と卵細胞の受精は阻止される。このように、植物は有機化合物からなる情報伝達物質による生理的適応機構を通して刺激情報を認知しているといえ

る。上述した人間の感受は、神経系を介した心理的適応機構と共に、脳内での有機化合物によ
る生理的適応機構が働くことにより発現するのではないだろうか。植物の場合のような生理的
適応機構は、神経系を持たない生物における外部情報の認知として共通しているものではない
だろうか。人間では、生理的適応機構のみの認知は、霊長類のもつ尻尾が退化したように、完
全になくなっているのかもしれない。

共生……生物は広義の意味で共に調節し生存し、生を絶やさないとする適応機構をもってい
る。それは、同種及び異種の生物の間で働き、共存、寄生、競合、食物連鎖などと種々の様相
を示す。上述したように、生物は高分子有機化合物の構造体であり、地球上で偶然に創発した
生命を宿している。そして、この自然界では物質に較べて極めて限定された環境下でその存続
が可能である。そのために、生物は非常に強い自己の生存欲をもっている反面、いざという時
には食物連鎖のように自己を犠牲にして他者を生かすことができる。これは利他の心である。

しかし、現生人類即ち人間は、この共生の心を無くしているのではないだろうか。現在の人
間は曾ての人類と異なり食物連鎖の輪から抜け出し、農耕牧畜の生活以降では栽培や飼育に
よって必要な食料を獲得するようになっている。更には、科学技術による生命操作あるいは遺
伝子操作を通して、自然世界に存在しない生物の人工造成物を作り出すまでになってきている。
今後、科学技術が暴走していくと、生物界は破滅の危機に晒される。人間は多くの生き物によっ

て生かされている。腸内に生息する膨大な細菌とは真の共生をしているのである。人間は共生の心を人間脳に取り戻さねばならない。

一体意識……生物は凝集する作用を創発する。一体意識はこれによって発現するものである。即ち、環境世界の他の生物あるいは物質に対する適応の心が一体意識の根底にある。人類も曾ては環境世界との一体意識を強くもっていたと考えられる。旧石器時代の狩猟採集の生活において、人類は自然界に対して無抵抗に生存してきた。生物界では食物連鎖に組み込まれ、物質界における天変地異のような環境変動に支配される中で、環境世界との一体意識が人類の「生の意識」を支えていた。これは、自然界を擬人化するアミニズムあるいは万物の普遍者に神霊を与えるシャーマニズムのような原始宗教が起こってくるまでは、強いものであった。しかし、新石器時代に重なって生じた農耕牧畜生活が進み、人間社会が大きく拡大し、上述したように「知の意識」が強くなってくると、人間の環境世界との一体意識は減退していった。

E　終　章（結言）

人間は、言葉によって具象を抽象化して概念表現し、「知の意識」にしたがって、自然世界を整理し認識及び理解している。人間の意識は、生物が総て備えている適応機能を惹き起こすところの適応機構に属している。

〔D〕章までは、生物の進化と、生物が築き上げる環境世界とに着目し、その動因として、生物が持つ生機能を考察してきた。そして、仮設した生の機構の構図に従うように、生機能の一つである適応機能について思弁し、前記適応機構の概念に辿り着いた。

この終章では、物質とは異なる生の本質に近づくべく、前記思弁の過程で得られた生の機能と生について、更に考察を加え整理しまとめる。

一　生物の生機能

生命科学は、ワトソンとクリックがＤＮＡの二重らせん構造を一九五三年に提唱してから、生物の認識及び理解において実体論的段階へと急激な進展をみせている。そして、現在の科学技術では、ＤＮＡの組み換えやゲノム編集のような遺伝子操作により、自然造成物と異なる生物の人工造成物が容易に創り出されるようになっている。しかし、生物が有する生きるとは如何なることか、科学的分析による還元手法だけでは、生物の本質に迫る生の解明は困難であろう。

1　基本的機能

〔B〕章三節に詳細に述べたように、全生物は共通して物質代謝、自己複製及び適応機能の三つの基本的機能を有している。有機化合物の構造体である細胞が生物を構成しているが、その構造体は単細胞であっても恰も自動機械のように活動する。そして、この構造体はタンパク質、脂質、糖質、核酸など生体に必要な生体高分子を生合成する。これが物質代謝である。更にこの生成した高分子有機化合物を素材にして同じ新たな構造体を産み出す。これが自己複製である。また、生物は生存のために環境世界を創り出すと共に進化をする。これが生物の適応機能を示している。

これ等の生物の基本的機能は正に生機能である。これは、自然世界の諸事物である物質及び生物の中で、物質には無く生物に有る。しかも総ての生物に存在するとした。しかし、この機能は、環境の温度に影響され、大気圧の下では摂氏百度程度になると、全生物において略消滅する。そして、生物は死んで物質と化す。ここで、生機能の消滅は生物の耐熱性に関係し、古細菌のような超高熱性の生物には、稀に摂氏百度を超えてもその消滅が起こらない種もいる。この消滅は、生物を構成する素材である生体高分子の熱による変形から起こるとされる。例えば、人間では摂氏五〇度程度で生体高分子のタンパク質は変形する。そして、人間という生物の生機能は永久消滅することになる。

一方、環境の温度が低下してくると、一般に生物の活動も低下する。そして、この場合であっても、生物の生機能は一見して消滅する。この場合の消滅の温度は生物の耐冷性に関係する。例えば、至適温度が零度付近になる細菌では、摂氏マイナス一〇度であっても生機能の停止が起こらない種もいる。これは好冷性生物の場合であるが、多くの生物は零度付近になると生機能を消滅させるようにみえる。しかし、環境温度の低下で消滅した時の生機能は、その温度が生物の至適温度に戻ってくると、復活する。ここでは、生物を構成する生体高分子は、冷熱による損傷を受けることなく、適度な熱が再度与えられると元の構造に戻る。これ等のことは、生が温度に関係するものであることを示している。

次に、前述した生物の基本的機能なるものが発現する理由について整理する。

上述してきたように、生物を構成する細胞は、基本的には高分子有機化合物のフラグメントが凝集する中で出来上がっている。そして、一個の細胞は、細胞膜等で外部と区画されて、核DNAと細胞質を有している。細胞質は種々の細胞小器官と細胞質基質から成る。これ等が細胞の構成要素である。生物は、単細胞あるいは多細胞から構成されているが、物質代謝、自己複製及び適応機能の発現にあっては、それぞれ共通して有機化合物からなる情報伝達物質を交換している。情報伝達物質は、内分泌物質あるいはメッセージ物質とかいわれ、DNAやRNAの核酸を含む生体高分子である。これ等の情報伝達物質は、生物を構成している細胞間あるいは細胞の構成要素間で頻繁にやり取りされているのである。

以上の科学を含む人間の経験事実から、生物の基本的機能なる生機能は、総じて情報伝達物質の交換により創発される作用から発現されるといえる。ここで、創発される作用は、生物の個体を構成する要素すなわち単細胞生物では細胞の構成要素、多細胞生物では複数の細胞の間で働くものである。上述した環境温度の低下による生機能の停止は、情報伝達物質の熱運動がなくなり、それ等の交換が行われなくなることによると考えられる。そのため、個体の至適温度へと環境温度が上がっていくと、情報伝達物質の熱運動により作用は創発されて、一度消滅した生機能は復活することになる。

結局、〔B〕章二節生の基本機構で述べた様に、物質代謝及び自己複製の発現は細胞内で創発した生の作用によって発現したものといえる。また、単細胞生物では、その適応機能は環境世界と個体との開放系の中で創発する生の作用を基礎にした二次的相互作用により発現する。これに対して、多細胞生物の場合の適応機能は、環境世界と個体との開放系の中で創発する統合作用を基にした二次的相互作用により発現する。何れにしても、適応機能は〔D〕章で説明した適応機構という生の機構により発現するのである。

2　生命

生命という言葉は色々な概念を表現するために使用される。しかし、本書ではそれは生物の属性であり、その本来的な生き物のもつ働き即ち、機能であるとする。

〔B〕章一節生命観で説明したように、人間は古くから生命について考えてきた。そして、先史時代の霊魂、古代の生気論、近世のデカルトによる機械論のような生命観が日常的、宗教的、哲学的及び経験科学的に、唱えられ信じられてきた。その中で、生きている状態に宿っている何かが生命であるという考えは、現代の実体論的段階にある生命科学にあっても根強く続いている。一方、現代の生命科学である分子生物学では、シュレディンガーの提唱以来の生物の特有機能を生命とする考えが強くなっている。それは前述したような生物の基本的機能、ホメオスタシス（恒常性維持）、遺伝、変異等が挙げられる。また、情報処理工学の発展と相俟って、機械としての生命という考えでも、新しいものが種々に提案されているまた、生命には階層構造があるといわれる。考古学の上では、生物は進化し多様化してきたことが知られている。そして、遺伝子分類による3ドメイン説に基づく生物の系統樹が作られている。その他、3界説、5界説、7界説に基づいた系統樹等が種々に考えられているが、何れにしても生物は系統構造をもって進化してきたといえる。この系統進化する生物は新しい形質を獲得し、旧い形質の発現を停止させる。そして、生物の機能がその系統進化の中で複雑化して階層構造が造りあげられていく。生命とは進化の視点に立つ生物機能のことであり、それが階層構造をなしていると看做すのである。ここで、この生命の階層構造と〔A〕章一節で説明した物質の階層構造とは、前者が生物という実体の機能に関し、後者が物質という実体に関する点で大きく異なったものになっている。尚、生命の階層は、生物の全系統を横断する形で設定でき、全生物に亘って機能的に、階級分類されて形成される。

〔B〕章二節及び四節で詳細は説明したように、生物は一種類の起源生物を共通祖先にしている。但し、この起源生物は、その痕跡を含め人間の経験されるものになっていない。物質の化学進化、分子進化から、高分子有機化合物のフラグメントの凝集において生命作用が創発して原始生命が発現した。これが生命進化であり原始細胞になった。この原始細胞は、起源生物のものかあるいはそれ以前のいわゆるＤＮＡゲノム生物やＲＮＡゲノム生物のものか、現在はっきりと言うことはできない。

その後、起源生物から細胞進化によって、原核生物から真核単細胞生物へと生物は進化し多様化することになる。ここでは、上述した物質代謝の他に、自己複製及び適応機能のような生物の基本的機能が発現している。そして、上記細胞の凝集が起こって細胞群体及び多細胞生物へと進化する。これが図2の集合細胞である。ここで、細胞間は内分泌物質等で繋がりを有し、複数の細胞は分化し特化した機能をもってくる。例えば、多細胞生物では、生殖機能、捕食機能、消化機能等をもつ種々の器官が分化し形成される。また、細胞群体であっても、例えば生殖細胞、光合成する栄養細胞等に特化し分化するのである。このようにして、真核多細胞生物は、その単細胞ではできない新機能を発現させ、機能の高度化あるいは安定化を実現している。

更に、真核多細胞生物は、循環器系あるいは神経系を作り上げて、機能分化が進み多様化した諸器官を連結し、図2の細胞有機体として機能するようになる。

更に、上述したように散在神経系から集中神経系へと神経系が進化し、〔D〕章適応機構で説明したように、有機化合物からなる情報伝達物質の交換及び神経伝達物質の交換により、人間の知覚、認識あるいは思惟に類する機能を有する高等動物が現われてくるのである。

更に、現生人類は、中枢神経である脳の中に言葉を取り込み、他の高等動物が有することのない知性的な機能を発現している。

以上の原始生命の発現から現生人類の知性的機能の発現は、進化作用で起こった一つの生命の階層構造を成している。そして、この生物の機能の高度化という階層構造における各機能は、生物が有する生機能といえるのである。

しかし、このような生命の階層構造は、上述した原始生命を最下層にし人間の知性的機能を最上層とする階層構造を唯一とするものでない。異なる観点に立った階層構造に沿って、生物の特徴的な機能を種々に階級分類できるのである。そして、それに則した生物の生機能が成り立つことになる。更に極論すると、生物分類において異なる機能は、総て生物の生機能になり得るのである。

3　共生

生物における共生は、非常に特徴的な適応機構である。〔B〕章二節で述べたように、単細胞である原核生物から単細胞の真核生物へと細胞進化する時に、共に原核生物である古細菌と真正細菌とが合体し、そしてそれ等が一つの細胞内で共生するようになった。ここでは、凝集した複数のＤＮＡや細胞質等の構成要素は創発した共生作用によってそれ等の働きが互いに調節され、一個の進化した真核細胞を形成していったと考えられる。また、異種の真核単細胞生物が合体して共生することも生じている。これは一般に二次共生といわれるものである。

現在の殆どの生物は真核細胞から成っている。そして、上述したように生物進化の中で、この真核細胞は複数に凝集して有機体を構成し、その有機体生物は多様な機能を発現してきている。また、見方によっては機能の高度化を実現している。このような多細胞生物においても、その構成要素になっている真核細胞の働きは互いに調節されているのである。即ち、現在の万能細胞といわれる幹細胞から体性幹細胞そして身体の各部位の体細胞へと、細胞の働きは特化して限定され、有機体生物の構成要素として調節されている。この調節は、例えばボルボックスのような細胞群体に見られる細胞の働きの分化と基本的に同じである。ここでは、生殖細胞と光合成する栄養細胞との分化がある。細胞群体では各細胞は単独でも生存することから、正に共生しているのである。

上記多細胞生物は、その構成要素である真核細胞同士が共生しているとは通常では考えられていない。確かに各細胞は培養により自己増殖するが、幹細胞と違い構成要素になった体細胞は単独で生存していると考えないからである。しかし、多細胞生物の個体では、〔B〕章二節あるいは〔D〕章二節で触れたように、共生作用という生機能が発現しているのである。

更に、異種多細胞生物は、上述したように共生の機構を有している。また、生存のために食物連鎖の機構をもっている。この食物連鎖も広義には共生機構であるとした。そして、このような共生から、偶然に核ＤＮＡの変異が生じ、種を越えた生物の交雑種を誕生させる。

4　生物集合体

生物は、それが単細胞生物あるいは多細胞生物によらず、また、同種や異種などの分類に関係なく、例えば図5に示す系統樹の総てに亘って、個体の群れ即ち個体の凝集を現出させる。これによって、種々の生物の集合体が形成されている。〔B〕章二節に個体群社会と生態系について説明したが、これ等が生物の集合体である。

そして、その第2分節で述べたように、このような生物の集合体において、その構成要素となる生物の個体の間に生の作用が創発される。即ち、個体群社会においては協力作用が生じ、生態系において調和作用が起こると考えた。このような創発作用によって、前者の生物集合体には有機的システム即ち社会といえる構造が発現するのではあるまいか。同様に、後者の生態系という生物集合体では、それ等の生物の環境世界が共有化され、生物の棲み分けが画定されることによって、生物にとっての限られた環境資源の利用高効率化が発現しているのではあるまいか。

ここで、生物集合体のもつ有機的システムと呼称する機能は、生物個体が有する生きる力を分散させることのないように、このシステムに集積させて、生物界を存続させていく上で極めて重要なものになる。また、環境資源の利用高効率化という機能は、物質に較べて極端に狭い範囲の環境条件下でしか存在し得ない生物に、生息する場所を獲得し提供する上で非常に重要になる。これ等の生物集合体が発現する機能も、生物の生機能とすることができる。またこの生物集合体にあっても、その構成要素間には相互に調節する機能が働く。

以上のように、生物の生機能について概観し考察したが、これ等の生物の機能とした生機能は結局、生物が生きぬくこと、即ち生物の生存あるいは存続に密接に繋がっている概念になる。

二　人工造成物の生機能

生物である人類は他の生物と同様に進化を経てきた。そして、現生人類である人間は、現在では種々の経験科学と派生する科学技術を発展させ、多くの人工造成物を創出し、更には自然造成物を凌駕しあるいは高い危険性をもつ創造物の実現を可能にしようとしている。その人工造成物は生物界と物質界に及んでいる。以下、人工造成物における生機能について考察する。

1　生命操作

人間は、農耕牧畜の生活を始めるようになって、植物を栽培し動物を飼育する術を獲得することになった。更に、これ等生物の人工交配により、新種の動植物を造るようにもなった。そして、現在の生命科学に依拠した生命操作によって、これ迄の生物進化で現われたことのない人工造成物の擬生物を創ることが出来るようになってきている。特に遺伝子組み換え技術とかゲノム編集技術のような遺伝子操作の技術は、簡便になって種々の生物に対して適用できるようになってきているのである。また、将来の生殖技術の発展によって、異種生物のＤＮＡ交配が分子レベルで制御されて出来るようになるのかもしれない。

人間が生命操作によって、新種の生物を模した人工造成物を造り出すことは、それまでの農耕牧畜及び人工交配の延長に過ぎないと考えることもできる。しかし、現代の科学技術による生命操作は、同様の物質操作による核エネルギーの創出の場合に匹敵する高い危険性を孕んでいる。

確実に遺伝子操作によって数多くの核ＤＮＡが作り出される。そして、その中に既存の生物を滅亡させる新種の擬生物なるものが偶然に現われる。その確率は単細胞生物の細菌の場合が高いと考えられる。そのような細菌の出現によって、地球上の多くの生物が消滅していくことも充分に起こり得るのである。このような人工造成物の擬生物には、前節で述べた生物の生機能はない。何故なら、生きる機能とはあくまで地球上に生物が生き残るようにする機能だからである。

他方で、生命操作によって、地球上の生物の進化に有害でなく上述した調節機能を有する生物が創り出される可能性は否定できない。この場合には、その人工造成物の生物は生機能を有することになる。

尚、生命操作で人工的に造られる擬生物は、その多くが生き抜くことのないものである。それ等は只の物質のままである。上述した生命作用が創発されないのである。

2　物質操作

人間の経験科学は、生命科学よりも物質科学の歴史が古い。現在の物質科学による技術では、化学元素である原子が自在に操作できるようになってきている。更に、有機化合物の分子や高分子も基本的に合成できるものである。このような技術は、全て物理・化学の規則を利用している。そこで、この物質操作によって、高分子有機化合物である核酸、細胞質、細胞膜を作製し、これ等をフラグメントにした細胞構造体を造ることが可能である。これが、自然界の原核細胞あるいは真核細胞を模した、物質操作によって製作した人工細胞の構造体である。これに生は宿るのであろうか。

現在、物質操作によって、互いに独立して陽子と電子を作製することができる。そこで、一個の陽子の周りに一個の電子が大きく回るように、真空中で陽子と電子を凝集させ、水素原子より遥かにおおきな構造体を作製する実験がなされた。ここで、電荷をもつ陽子と電子の間にはクーロン力が働き、引き合う作用によって電子は陽子を周回するようになる。しかし、電子は周回という加速度運動によって電磁波を放射することになる。そして、電子は電磁波放射によりエネルギー損失し、その速度が減速して陽子に合体し消滅する。これが古典力学の物理法則に沿った描象である。ところが、実験では、別の物理規則である量子力学に従った水素原子の挙動が現われた。即ち、電子は陽子を大きく周回するが、その軌道は不連続なエネルギーレベルで安定するものである。これは、水素原子のようなミクロ世界の量子作用が創発したことを示しているといえる。

この例のような物質世界の現象から、複数の高分子有機化合物を凝集させた構造体が新しい作用を創発させることは、充分に考えられるのである。これが上述した例えば生命作用である。即ち、生を宿した人工細胞は実現できる。ここで、高分子有機化合物としては、自然界の生物が有しているもの以外でも人工細胞の素材になる。あるいは、地球上の生物を形成している化学元素である炭素、水素、窒素、酸素、リン、イオウ以外の化学元素たとえば珪素を主体とする高分子化合物であってもよい。

この人工細胞生物は単細胞生物であるが、自己調節の機能を有し、その自然進化が可能であるのか、あるいは人為進化できるのか今は判らない。その意味で、人工細胞生物の生機能は未定である。

次に、人工造成物であるロボットは将来に生を宿すようになるであろうか。現在、人工知能といわれる人間の脳を模した技術が大きく進歩してきた。自然界生物の少なくとも高等動物は、外界を経験学習して生きる。人工知能はこの学習に基づく情報処理技術である。そして、人間に較べて遥かに膨大、高速な処理を可能とする。将来、この人工脳に関する技術は更に発展する。このように、ロボットは人間を模した知性的機能を備えることができる。

ロボットは、その素材として無機物及び有機物から成り、人間以外の生物を模してもよいし、自然界にない機能を有する人工造成物であってもよい。そして、それは自然界の生物と調和し合い生き抜くようにすることもできる。しかし、ロボットには、上述した生物のもつ生の機構は備えられないであろう。そのため、ロボットのもつ機能は生機能にならない。

また、現在サイボーグにみられるように、生物とロボットを合体させる技術が将来に大きく進展する。例えば、人間の脳に高機能あるいは多機能チップを埋め込み、人間の知性的機能を飛躍的に向上させることが可能になる。更に、他の生物に対しても同様な合体が行われ、これまでにない機能が発現できるようになる。しかし、このようなロボット合体の擬生物は、生機能といえる機能を有するものでないとしてよい。

今後、人間の科学技術は嫌が上でも進歩し続ける。そして、生物もどきの人工造成物が造られていくであろう。人間もその一員である生物のもつ生機能は、地上で四〇億年程度かけて、種々の作用の創発の下に、発現しているものである。人間がその人工造成物に簡単に生機能を備えさせることは難しいと考える。人間は、「知の意識」に潜む危険性と真剣に向き合い、自然界の全生物が、人間と同じように「生の意識」をもち、それぞれの生によって支え合っていることを認識及び理解すべきなのである。

三　生物の生

結局、生物がもつ生とは、自己を調節できる機能をもち、それぞれの種が生き抜くことであり、更には、自然界に生命体を存続させるという、総ての生物がもつ生の機構ではないだろうか。それは、全生物の共通祖先である起源生物の生の機構を起源とするものであろう。

上述したように、起源生物から細胞進化、環境進化及び系統進化を経て、あるいは地球との共進化を経て、地球上では多様な生物が誕生し消滅してきた。これ等の生物は、地球進化の中で、それぞれの種が各環境世界を構築して棲み分け、あるいは重なり合う環境世界にあって共生しながら、生を存続させている。この共生という生の機構は、原核生物、原生生物、多細胞生物あるいは生物社会にあって強く働き続けている。そして、共生こそが生を支える根源になっている。

現在、地球の外の宇宙から何らかの生命体が飛来した確証はないし、逆に地球の生命体が地球外で生息していることも無い。全生物は、地球の環境の中で生まれて、その生を途絶えさせないように、環境に適応放散し多様化して、更に生の機能を種々に発現しているのである。この生は起源生物の生であり、現存する人間も含めて全生物に共通して刻印されているものなのである。即ち、総ての生物がもつ生命体を存続させるという共有の心である。これは、生物の適応機構であり不死の心である。

上述したように、人間は科学技術によって、自然構造物である生物を模した人工造成物を創り始めている。その生命操作といわれる技術では、自然造成物である生物のＤＮＡが種々に操作される。この操作で創出される人工造成物は、殆どが上記生を有さないであろう。しかし、今後にあっては、その人工造成物の一部は生を有するものになる可能性がある。その場合は、起源生物の生に関するＤＮＡが人工造成物に刻印され残されるのである。

また、将来の科学技術にあって、物質操作により創造される人工細胞の生物は、生を有することになるのであろうか。この場合も、自然造成物の生物との関係で判断がされるべきである。即ち、地球上の生物を消滅させるような人工細胞には、上記生は無いとすべきであり、その排除がなされなければならない。他方で、人工細胞の生物が他の生物にとって有害でなく、自己を調節することが出来れば、その排除は不要になろう。但し、その生についての判断は現段階では不定である。

◈参考図書

【A】章

①ブルース・シューム『標準模型の宇宙』森弘之訳　日経BP社　二〇〇九年
②鈴木洋一郎『暗黒物質とは何か』幻冬舎　二〇一三年
③小谷太郎『人類を変えた科学の大発見』中経出版社　二〇一〇年
④野本憲一他『恒星』日本評論社　二〇〇九年
⑤ロバート・ヘイゼン『地球進化　46億年の物語』講談社　二〇一四年
⑥オパーリン『生命の起源と生化学』江上不二夫訳　岩波書店　一九五六年

【B】章

①U．C．M．スミス『生命観の歴史』八杉龍一訳　岩波書店　一九八一年
②ウッダーラカ・アールニの言『チャーンドーギャ・ウパニシャッドⅥ 2』
③デカルト『デカルト著作集』白水社　二〇〇一年
④朝永振一郎、伏見康治編集『現代自然科学講座』弘文堂　一九五一年
⑤三中信宏『分類思考の世界』講談社　二〇〇九年
⑥ダーウィン『種の起原』堀伸夫、堀大訳　朝倉書店　二〇〇九年
⑦ニールス・ボーア『原子理論と自然記述』みすず書房　一九九〇年所収

⑧ロイ・ポーター『大科学者たちの肖像』毎日新聞社　一九八九年
⑨エルヴィン・シュレディンガー『生命とは何か』岩波書店　一九五一年
⑩フォン・ノイマン『自己増殖オートマトンの理論』高橋秀俊訳　岩波書店　一九七五年
⑪NHKゲノム編集取材班『ゲノム編集の衝撃』NHK出版　二〇一六年
⑫L・マーギュリ他『生命とは何か』池田信夫訳　せりか書房　一九九八年
⑬池田清彦『38億年生物進化の旅』新潮社　二〇一〇年
⑭藤原晴彦『だましのテクニックの進化』オーム社　二〇一五年
⑮科学誌『プロス・バイオロジー（PLOS Biology）』二〇一一年
⑯山岸明彦他『極限環境の生物学』岩波書店　二〇一〇年
⑰安部義孝他『シーラカンスの謎』誠文堂　新光社　二〇一四年

【C】章

①ユクスキュル『生物から見た世界』日高敏隆他訳　岩波書店　二〇〇五年
②ハイデガー『存在と時間ⅠⅡⅢ』原佑他訳　中央公論社　二〇〇三年
③坂本充『進化融合論』牧歌舎　二〇一八年

【D】章
①小泉修『動物の多様な生き方5』共立出版　二〇〇九年
【E】章
①加藤勝『ホメオスタシスの謎』講談社　一九八七年

あとがき

本書は、生物に共通している生の本質について、人間の「知の意識」により思索したものをまとめたものである。先の拙著『進化融合論』は、人間の「生の意識」の重要性を述べ、生の哲学の要点とその意義について触れた。今回の出版は、その生の哲学の内容に補充を加え、その詳細を提示したものである。

人間の経験科学及び哲学において、生命現象の認識と理解は、物質現象の場合に較べて未だ充分でないと思われる。確かに現在の生命科学では、例えば遺伝生化学や分子生物学にみられるようにDNAの構造が分子レベルで徐々に解明され、高分子有機化合物を素材とする細胞という構造体の理解は、最近の実体論的分析により、急激に深まってはいる。しかし、この生体高分子という物質が複数個凝集する細胞において、その物質にない生物特有の機能が、例えば温度等の至適な条件下において発現することは、神秘のベールに覆われている。また、生物の個体が複数凝集し、例えば社会を形成し活動するという機能は、物質の凝集体には見られないものであり、人間もその対象にはなるが、その解明には興味をそそられることである。

このような生命現象に対して、長年に亘り著者が懐いてきた疑念、問いに問いを重ねてきた「知の意識」が、生の哲学という思弁の動機付けになっている。しかし、今回の提示した思索内容は、中途半端でありあるいは独断と偏見に満ちており、生の本質に近づいていないのではないかという不安は払拭できていない。物事の本質論的認識の道は、一般的に際限のないようにも思われるが、今後も経験科学の知見を踏まえ、探し求めるに値するものであると考えている。

本書の出版にあたっては、大学時代以来の友人である安部浩氏に原稿を読んで頂き、貴重な意見を給った。また、牧歌舎の佐藤裕信氏には表紙カバーデザイン、装丁など色々と相談させて頂いた。安部浩氏と佐藤裕信氏には深い感謝の意を表します。

二〇二〇年五月　座間にて　著者

あとがき

◆ 著者略歴 ◆

坂本　充（さかもと　みつる）

1946 年　鳥取県八頭郡八東町に生まれる。

1969 年　京都大学理学部物理学科卒

シャープ㈱、日本電気㈱にて半導体の電子デバイス関連の研究開発業務に約 25 年間従事。後に、知的財産の発明・特許業務に 20 年間従事。

駒澤大学仏教学部に 2 年間在籍。

生の哲学 ―人は他生物と真の仲間―

2020 年 9 月 30 日　　初版第 1 刷発行

著　者　坂本　充
発 行 所　株式会社牧歌舎　東京本部
〒 101-0064　東京都千代田区神田猿楽町 2-5-8 サブビル 2F
TEL03-6423-2271　　FAX03-6423-2272
http://bokkasha.com　　代表：竹林哲己
発 売 元　株式会社星雲社（共同出版社・流通責任出版社）
〒 112-0005　東京都文京区水道 1-3-30
TEL03-3868-3275　　FAX03-3868-6588
印刷・製本　藤原印刷株式会社

ISBN978-4-434-27971-3　C0040